基于语义知识的
软件缺陷分析关键技术研究

郑 炜 吴潇雪 李云帆 著

西安交通大学出版社
XI'AN JIAOTONG UNIVERSITY PRESS
国家一级出版社
全国百佳图书出版单位

图书在版编目(CIP)数据

基于语义知识的软件缺陷分析关键技术研究/郑炜,吴潇雪,李云帆著.—西安:
西安交通大学出版社,2022.12
ISBN 978-7-5693-1686-5

Ⅰ.①基… Ⅱ.①郑… ②吴…③李… Ⅲ.①软件-测试-
研究 Ⅳ.①TP311.55

中国版本图书馆 CIP 数据核字(2022)第 060508 号

基于语义知识的软件缺陷分析关键技术研究

JIYU YUYI ZHISHI DE RUANJIAN QUEXIAN FENXI GUANJIAN JISHU YANJIU

著　　者	郑　炜　吴潇雪　李云帆
责任编辑	郭鹏飞
责任校对	李　佳

出版发行　西安交通大学出版社
　　　　　(西安市兴庆南路 1 号　邮政编码 710048)
网　　址　http://www.xjtupress.com
电　　话　(029)82668357　82667874(市场营销中心)
　　　　　(029)82668315(总编办)
传　　真　(029)82668280
印　　刷　西安五星印刷有限公司

开　　本　787mm×1092mm　1/16　印张 9.375　字数 209 千字
版次印次　2022 年 12 月第 1 版　2023 年 2 月第 1 次印刷
书　　号　ISBN 978-7-5693-1686-5
定　　价　68.00 元

订购热线:(029)82665248　(029)82667874
投稿热线:(029)82669097　QQ:8377981
读者信箱:lg_book@163.com

前　言

在软件缺陷领域,缺陷报告是重要的缺陷描述信息文本,其中包含了大量非结构化的数据。一直以来,研究者们致力于抽取缺陷报告中的关键信息,以完成软件缺陷领域中的特定任务,如缺陷预测、缺陷定位等。目前,许多开源软件项目使用缺陷跟踪系统(bug tracking system,BTS)来存储、管理和追踪缺陷报告。每天都有大量新的缺陷报告提交给 BTS,其中包含大量的缺陷知识亟待挖掘。现有研究将缺陷报告作为文本信息进行分析,通常使用信息检索技术来搜索或提取缺陷信息。然而,这些技术处理缺陷报告中的非结构化信息时,往往不能考虑到上下文的语义信息,使得软件工程的一些特定任务准确性不高。因此本书将命名实体识别技术应用到软件缺陷领域,对缺陷报告中的缺陷实体进行命名实体分类,以抽取缺陷报告中更多关键的信息,并将知识图谱相关技术应用到软件缺陷领域,从而刻画实体之间语义关系的网络,能够较为全面地表达出实体之间存在的依赖关系。本书引入命名实体识别、知识图谱等技术,面向知识图谱推理的可解释性,以期解决缺陷报告中的诸多问题。

(1)针对缺陷报告中非结构化文本内容繁杂、形式多样的问题,本书提出了三个关键的软件缺陷领域命名实体识别方法,分别是基于随机森林上下文的命名实体识别方法 RNER、基于多级别特征融合的命名实体识别方法 MNER、基于 BERT-BiLSTM-CRF 模型的软件缺陷命名实体识别方法 BC-NER。RNER 方法通过改进的特征选择算法加强对上下文特征的选择,在性能评估中,相较于基线模型 CRF 模型,RNER 方法的 $F1$ 值提升了 18.75%。MNER 方法通过多级别特征融合可以从缺陷报告复杂多样的文本内容中提取更有效的特征,加入注意力机制对多级别的特征进行全局的关注和捕捉。在性能评估中,相较于 BERT-BiLSTM-CRF 方法,MNER 方法的 $F1$ 值提升了 4.9%,相较于 RNER 方法,MNER 方法的 $F1$ 值提升了 5.1%,实验表明 MNER 方法在命名实体识别的效果上有一定的提升。BC-NER 方法相较于 BNER 方法在 Eclipse 项目数据集上 $F1$ 值提升了 9.86%,在 Eclipse 项目数据集上 $F1$ 值提升了 12.77%。

(2)针对开源软件缺陷报告库中普遍存在的重复软件缺陷报告问题进行研究,对其开源数据集进行了深度的分析研究,探讨了国内外重复软件缺陷报告检测方法的研究现状。提出了基于卷积神经网络检测重复软件缺陷报告的方法 DB-CNN,对比分析使用元数据和不使用元数据之间的差异性,明确元数据对于检测结果的有效性。提出了基于卷积神经网络模型融合 BRET-BiLSTM-CRF 模型的重复软件缺陷报告检测方法 DB-CNN-NER,该方法依据缺陷报告的标题和描述文本识别软件缺陷报告的命名实体类别,并将其命名实体类别作为元数据特征加入卷积神经网络中进行重复软件缺陷报告检测。DB-CNN-NER 方法相较于 DB-CNN 方法在 Spark 数据集上的准确度提升了 6.67%,$F1$ 值提升了 6.8%。

(3)针对缺陷报告数据集中存在数据集类别不平衡以及缺乏关键词语义关系的问题,提出一种基于知识图谱的安全缺陷报告识别方法 SBRKG。利用关键词语义知识图谱来获取高质量的安全领域知识,提取缺陷报告中与安全相关的关键词,并将缺陷报告转换为缺陷报告子图,通过子图匹配和图的相似度计算来比较缺陷报告子图与语义知识图谱子图的相似度,从而识别出安全缺陷报告。SBRKG 方法相较于 FARSEC 方法在 $F1$ 值上平均提高 52%。

(4)针对不同缺陷报告项目之间数据分布的差异性大、安全特征稀缺和类别不平衡等问题,以安全关键字过滤为思路提出了一种融合知识图谱的跨项目安全缺陷报告识别方法 KG-SBRP。使用安全缺陷报告中的描述字段,结合 CWE(公共缺陷枚举)构建三元组规则实体,以三元组规则实体构建安全漏洞知识图谱,在图谱中结合实体及其关系识别安全缺陷报告。将数据分为训练集和测试集进行模型拟合和性能评估。所构建模型在 7 个不同规模的安全缺陷报告数据集上展开了实证研究。研究结果表明,KG-SBRP 方法与当前主流方法 FARSEC 和 Keyword matrix 相比,在跨项目安全缺陷报告预测场景下,其性能可以平均提高 11%。除此之外,在项目内安全缺陷报告预测场景下,其性能同样可以平均提高 30%。

本书在一定程度上解决了缺陷报告识别的可解释性问题和缺乏关键词语义的问题,为弱人工智能迈向认知智能踏出了积极的一步。

作者

2022 年 3 月

目　录

>> 第1章

绪 论

1.1 引 言

命名实体识别(named entity recognition,NER)是信息提取、问答系统、句法分析、机器翻译、知识图谱等应用领域的重要基础工具,在自然语言处理技术走向实用化的过程中占有重要地位。命名实体识别是指识别文本中具有特定意义的实体,主要包括人名、地名、机构名、专有名词等。随着各个应用领域数据的爆炸增长与命名实体识别技术的成熟,命名实体识别的应用已经渗入商业、金融、电子病历、网络安全、生物医学、军事、生态治理、农业等多个垂直领域中[1]。命名实体识别在处理非结构化文本的数据时,往往可以解决文本中实体形式多样、语义模糊等问题,从中提取出关键信息。因此,命名实体识别得到国内外科研工作者的广泛关注。

在软件缺陷领域,缺陷报告经常用来描述软件缺陷问题,包含了大量非结构化的数据。一直以来,研究者们致力于抽取缺陷报告中的关键信息,以完成软件缺陷领域中的特定任务,如缺陷预测[2-3]、缺陷定位[4-5]等。目前,许多开源软件项目使用缺陷跟踪系统(bug tracking system,BTS)来存储、管理和追踪缺陷报告。每天都有大量新的缺陷报告提交给缺陷跟踪系统,其中包含大量的缺陷知识亟待挖掘[6-7]。现有研究将缺陷报告作为文本信息进行分析,通常使用信息检索技术[8],如空间向量模型 VSM(如 TF-IDF)、主题模型(如隐含狄利克雷分布 LDA)和概率检索模型(如 smoothed unigram model,SUM)来搜索或提取缺陷信息。然而,用这些技术处理缺陷报告中的非结构化信息时,往往不能考虑到上下文的语义信息,使得软件工程的一些特定任务准确性不高。因此本书将命名实体识别技术应用到软件缺陷领域,对缺陷报告中的缺陷实体进行命名实体分类,以抽取缺陷报告中更多关键的信息。本书总结了目前软件缺陷领域命名实体识别发展遇到的挑战。

(1)软件缺陷领域缺少公开的标注语料库。现有的许多命名实体识别研究集中于一般领域的粗粒度的研究,使用较多的有 CoNLL03 数据集和 OntoNotes5.0 数据集。CoNLL03 数据集包含两种语言的新闻标注:英语和德语。OntoNotes5.0 数据集是一个大型语料库,由博客、新闻、脱口秀、广播等组成。在软件缺陷领域开展命名实体识别的研究遇到的第一个挑战就是该领域缺少标注语料库。

(2)语言的模糊性导致语料库标注困难。缺陷报告包含大量非结构化文本,甚至包含代码片段、专业名词缩写等模糊信息,这导致缺陷报告命名实体标注工作的难度系数增大。

(3)缺陷报告中实体复杂。许多特定实体可能是常用词,如 String,表示字符串类型,但它在 Java 中也可以表示类名称。Java 中类的名称是每个单词首字母大写,当它出现在句首时首字母也大写,此时不能轻易分辨这是不是一个类。

1.2 命名实体识别

术语"命名实体"(named entity)在第六届信息理解会议(MUC - 6)[9]上首次被使用,其任务是在文本中识别组织名称、人员和地理位置,以及货币、时间和百分比的表达式。随后,Palmer 等人[10]提出了通用领域命名实体分类的标准,将命名实体分为三类:TIMEX、NU-MEX 和 ENAMEX。TIMEX 短语是时间表达式,分为日期表达式和时区表达式;NUMEX 短语是数字表达式,分为百分比表达式和货币表达式;ENAMEX 短语是专有名称,表示文本中对人名、地名和组织名的引用。研究者们对命名实体识别越来越感兴趣。命名实体识别的任务是将文本中定义好的命名实体定位和分类到预定义的实体类别中去。目前,命名实体识别的解决方案主要分为四种:基于规则的方法、无监督学习的方法、基于特征的监督学习方法、深度学习的方法[11]。

1.3　知识图谱

知识图谱是近几年比较火的一个概念,它是一种包含语义网络结构的知识库。在知识图谱中,每个节点都作为一个实体,节点的边代表的是这些实体之间的概念关系或者语义关系。使用知识图谱可以更加直观地观察到实体和实体之间的关系。一个典型的知识图谱样例如图1-1所示,在知识图谱之中,实体和关系可以绑定属性和多模态信息,例如图片、类别、文本描述、视频等。知识图谱包含以下优点。

(1)形象化。知识图谱可以形象地展示出实体和实体,以及概念和概念之间的上下关系。

(2)数字化。知识图谱可以将复杂的概念或者实体转变为数字向量,为后续的研究提供方便。

(3)结构化。知识图谱将实体之间的关系简化为一定的结构,更加直观。

(4)简易化。知识图谱将文本信息中的特征或概念变成了有向的图,方便研究。

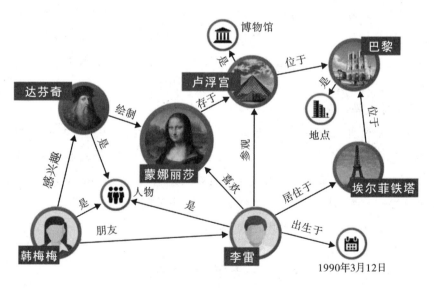

图 1-1　知识图谱示例

创建和使用知识图谱要将大量的信息特征与智能技术相结合。构建知识图谱一般包含信息抽取、知识融合、知识加工三个部分。信息抽取主要抽取的内容是实体、关系、属性和其他相关内容。知识融合技术主要是解决现实引用与实际含义的差距,使知识库的建立更加全面。知识加工主要是对抽取的实体之间建立正确的关系,最终得到结构化、网络化的知识体系。知识图谱的构建流程如图 1-2 所示。

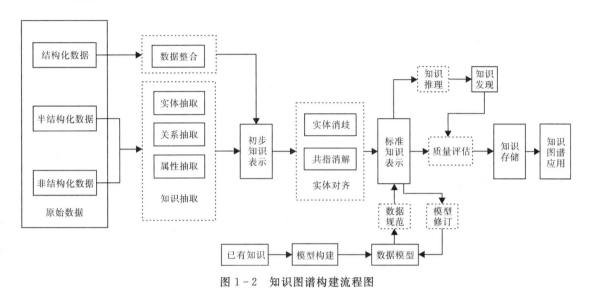

图 1-2 知识图谱构建流程图

1.4 缺陷报告

1.4.1 软件缺陷定义

软件缺陷是计算机软件或程序中存在的某种破坏正常运行能力的问题、错误或者隐藏的功能缺陷,软件缺陷的存在会导致软件产品在某种程度上不能满足用户的需要[12]。MBA 智库百科中对软件缺陷的定义为"在软件运行中因为程序本身有错误而造成的功能不正常、死机、数据丢失、非正常中断等现象。"

软件缺陷是软件开发过程中不可避免的问题,是软件本身固有的属性,无论是规模较小,还是规模较大的软件系统都会存在软件缺陷问题[13]。而软件缺陷产生的原因是复杂多样的,主要包括软件自身、团队合作和技术问题等。软件缺陷是软件开发维护过程中遇到的问题。从用户的角度来讲,软件缺陷是未实现软件需求规格说明书要求的功能,出现了需求规格说明书指明不应出现的错误,或实现了需求规格说明书未提及的功能,或者出现软件不易操作、运行卡顿或存在其他现象等问题。

1.4.2 软件缺陷分类

软件缺陷分类对于缺陷原因分析、项目管理和软件修复有着重要的指导作用,对软件开发和维护管理过程中产生的缺陷可以更好地进行定位修复，有助于软件开发维护团队之间更好地沟通，能促进软件的可维护性。

Tan 等人[14]针对 Mozilla、Apache 项目与 Linux 系统设计了软件缺陷的三个维度，即 Root Cause（根本原因）、Impact（缺陷导致的影响）、Component（缺陷所属位置），来划分软件缺陷类别，每个维度下面又有具体的分类。Root Cause 维度划分为 Memory（内存相关缺陷）、Concurrency（并发缺陷）、Semantic（不期待的缺陷）三个具体类别；Impact 维度划分为 Hang（程序挂起）、Crash（异常终止）、Data Corruption（数据不一致）、Performance（性能缺陷）、Incorrect Functionality（功能异常）、Other（缺陷造成的其他影响）类别；Component 维度划分为 Core（与核心功能相关错误）、GUI（与用户图形界面相关的错误）、Network（网络环境与通信相关的错误）、I/O（I/O 处理相关的错误）、Drivers（设备驱动错误）、File System（文件系统相关错误）、Architecture（架构相关错误）类别。每个缺陷都按照三个维度进行分类。

禅道网站（缺陷跟踪系统）中将缺陷类型划分为九类，分别为"代码错误、配置相关、安装部署、安全相关、性能问题、标准规范、测试脚本、设计缺陷、其他"。

根据 IEEE[15]软件缺陷分类标准以及对以上具体项目下缺陷分类的总结，缺陷分类一般包括以下类型，如表 1-1 所示。

表 1-1　软件缺陷分类

缺陷类型	描述
功能缺陷	功能未实现或实现错误
界面缺陷	界面不规范影响用户操作体验
性能缺陷	不满足系统测量值，如执行时间过长等
接口缺陷	与其他组件、系统模块冲突不匹配
代码错误	代码逻辑异常
配置相关	配置不当引起的错误
安全缺陷	造成软件漏洞的缺陷
标准规范	不符合业界规范的缺陷
其他	其他影响软件规范的隐藏错误

1.4.3　软件缺陷报告

1. 软件缺陷报告概述

软件缺陷报告是描述软件潜在问题的文档，其主要目的是为软件修复人员提供缺陷的详细信息，以便快速地完成预测软件缺陷程度、分配对应的缺陷修复人员、定位和修复软件缺陷等软件活动。软件缺陷报告又称软件错误报告、软件故障报告等。图 1-3 所示为一个典型的软件缺陷报告。

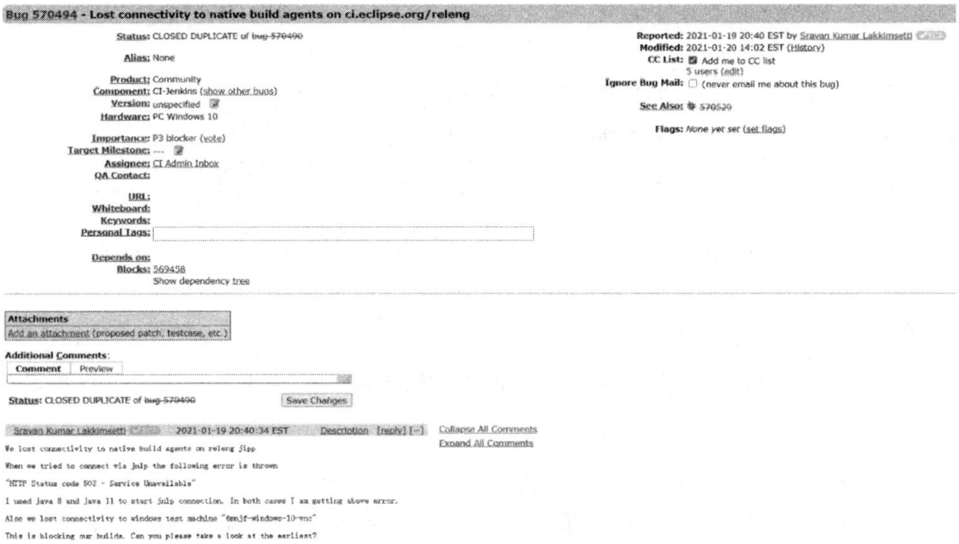

图 1-3　Eclipse 中 Bug ID 570494 软件缺陷报告示例

2. 软件缺陷报告特征字段

IEEE[15]描述了软件缺陷的主要属性,软件缺陷报告是对软件缺陷包含的详细信息的具体阐述。软件缺陷报告包含的内容可以分为文本信息(非结构化信息)和元数据信息(结构化信息)两类特征字段。其中文本信息包括标题、描述和评论。其他的特征字段属于元数据。表1-2 所示为 Bugzilla(缺陷跟踪系统)中 Eclipse 项目缺陷报告主要的特征字段说明。

表 1-2　Eclipse 中软件缺陷报告的主要特征字段展示

特征	描述
Bug ID(软件缺陷编号)	软件缺陷报告的唯一标识
Summary(标题)	软件缺陷的简要描述
Description(描述)	软件缺陷的详细描述,缺陷产生的详细信息
Status(状态)	软件缺陷目前的处理状态,如打开、已修复、关闭等
Product(产品)	软件缺陷所属的项目产品
Component(组件)	软件缺陷所属的模块
Importance(重要性)	软件缺陷的重要程度,包括优先级和严重程度两个方面
Hardware(硬件)	软件缺陷发生的硬件环境
Assignee(分配人员)	软件缺陷分配的维护人员
URL(链接地址)	软件缺陷信息相关的链接地址
Keywords(关键字)	软件缺陷的主要特点
Duplicates(重复报告)	重复软件缺陷报告的标识
Depends on(依赖)	软件缺陷依赖于其他缺陷的解决

特征	描述
Blocks(阻塞)	软件缺陷影响的其他缺陷
Reported(报告)	软件缺陷的上报时间和上报人员
Attachments(附件)	软件缺陷相关的其他信息(如缺陷故障的截图、视频、执行信息等)
Comment(评论)	其他人员对于软件缺陷的看法或建议

3. 软件缺陷报告生命周期

缺陷报告的生命周期也就是缺陷的处理流程,是从缺陷被发现生成缺陷报告到缺陷被解决的全过程。

当测试人员发现一个问题的时候,首先要确认该问题是否是一个缺陷,确定是后,提交针对该缺陷的缺陷报告,此时缺陷报告的状态为 New(新提交的)。随后缺陷报告的分配人员把该缺陷报告分配给负责该缺陷部分的开发人员,分配完成后,其状态变为 Assigned(已分配的)。随后开发人员根据缺陷报告修复软件缺陷,进而缺陷报告的状态变为 Resolved(待返测的)或者 Reopened(问题未解决的)。接着其他开发人员验证修改后的缺陷修复情况,验证通过后缺陷报告的状态变为 Verified(待归档的),验证未通过则缺陷报告状态变为 Reopened(问题未解决的)。在其他开发人员验证通过后,测试人员对修改后的缺陷进行测试,测试通过,验证缺陷已经解决,则缺陷报告的状态变为 Closed(已归档的)。上述状态之间可以相互转换。结合缺陷报告的这些状态,已经有研究集中对缺陷报告状态的变化和潜在的规律进行了深入分析,如快速地确定缺陷修复人员,在修复缺陷之前检测缺陷报告是否重复等问题。

1.4.4 重复软件缺陷报告

本节主要对重复软件缺陷报告的基本概念进行阐述,并对主流的软件缺陷报告库中的重复软件缺陷报告的数据分布情况进行了分析。

1. 重复软件缺陷报告示例

重复软件缺陷报告是在软件开发维护管理过程中不同群体(软件开发人员、测试人员、用户等)针对同一缺陷提交给缺陷跟踪系统的软件缺陷报告。重复软件缺陷报告有两类:一类是描述了相同软件缺陷的缺陷报告;另一类虽然描述的缺陷具有不同的表现,但是由同一缺陷造成的。本文研究对象为第一类重复软件缺陷报告。

表 1-3 给出了托管在 Bugzilla 上的 Eclipse 项目的一对重复软件缺陷报告(其缺陷报告编号分别是 321548 和 322001)。在收到编号为 321548 的软件缺陷报告时,如果直接将其分派给缺陷修复的开发人员将会造成人力、物力的浪费。此时应该进行的是从缺陷跟踪系统中检测此软件缺陷报告是否为重复软件缺陷报告,如果为重复软件缺陷报告则不需要分派给开发人员。在节约人力、物力的同时,也提高了软件测试和维护的效率。

表 1 - 3　重复缺陷报告示例

标签	内容	
Bug ID	321548	322001
Product	JDT	JDT
Component	Core	Core
Summary	Eclipse Helios compiler fails to compile Java class that compiles with Java 6 and 7 compilers	[1.5][compiler] Name Clash error occurs

Description	Build Identifier：I20100608 - 0911
	Consider the three types：
	public interface Interface1〈T〉{
	public void hello(T greeting)；
	}
	public interface Interface2〈T〉{}
	public class ErasureTest implements Interface1〈String〉,Interface2〈Double〉{
	public void hello(String greeting) {}
	public int hello(Double greeting)
		Build Identifier：20100617 - 1415
		When I switched from Galileo to Helios this code started throwing the error,
		"Name clash：The method apply(F) of type Function〈F,T〉 has the same erasure as apply(T) of type Predicate〈T〉 but does not override it"
		Whereas it would compile fine in previous versions.
		Code：
		class Bar {}

2. 重复软件缺陷报告数据分析

基于 Xie 等人[16]对于主流软件缺陷报告库中重复软件缺陷报告的数据分析及实证研究,本书总结出了 Firefox、Thunderbird、Spark、Hadoop、MapReduce、Hdfs、Mozilla Core、Eclipse 项目中重复软件缺陷报告数据的分布情况,如表 1 - 4 所示。其中 Firefox、Thunderbird 项目的缺陷报告库中的重复软件缺陷报告占比高达 30.9%、38.4%。由数据可知,重复软件缺陷报告在缺陷跟踪系统中是一个十分普遍的问题。

表 1 - 4　主流软件缺陷报告库重复软件缺陷报告数量分析

项目	总数	重复数	重复率	日期
Firefox	115814	35814	30.90%	1999 年 7 月 30 日至 2013 年 12 月 31 日
Thunderbird	32551	12501	38.40%	2000 年 4 月 12 日至 2013 年 12 月 31 日
Spark	22639	3077	13.60%	2010 年 4 月 1 日至 2018 年 1 月 10 日
Hadoop	12855	1861	14.50%	2005 年 7 月 24 日至 2017 年 11 月 1 日
MapReduce	7019	977	13.90%	2006 年 3 月 17 日至 2018 年 1 月 15 日
Hdfs	12779	1659	13.00%	2006 年 4 月 6 日至 2018 年 1 月 12 日
Mozilla Core	205069	44691	21.80%	1997 年 3 月 28 日至 2013 年 12 月 31 日
Eclipse	362548	87859	24.23%	2001 年 10 月 10 日至 2013 年 12 月 30 日

郑等人[17]研究了近20年来中国计算机学会(CCF)推荐的会议/期刊文献中关于重复软件缺陷报告检测方法使用缺陷报告中哪些关键特征字段进行检测工作,探讨特征字段的选取对重复软件缺陷报告检测工作性能的影响。基于先前的研究工作[17],本文对Eclipse软件缺陷库中的重复软件缺陷报告进行分析,研究重复软件缺陷报告元数据的重复度,以此来说明元数据对重复软件缺陷报告检测工作的重要性。如表1-5所示,分析出了Eclipse项目中2001年10月10日至2013年12月30日362548个重复软件缺陷报告中元数据的重复度。重复软件缺陷报告中产品(Product)元数据重复度达到85.7%,属于同一版本(Version)元数据的重复软件缺陷报告有52.9%。

表1-5　Eclipse重复软件缺陷报告元数据重复度分析

Product	Component	Severity	Status	Priority	Resolution	Version	60天	365天
85.7%	73.17%	55.8%	76.78%	85.07%	54.54%	52.9%	51.91%	82.53%

1.4.5　安全缺陷报告

安全缺陷是软件在生命周期的各个阶段(设计、实现、运维等过程)中产生的问题,这些问题被非法攻击者利用,从而对软件或使用软件的人员造成伤害或损害。互联网的快速发展导致软件安全问题频繁发生,造成了数据泄露、运行崩溃、非法勒索等严重后果,从而对社会和国家带来严重的威胁。常见的软件安全问题有缓冲区溢出、拒绝服务攻击、SQL注入等。

缺陷跟踪系统中可能包含数千万个错误报告,其中与安全相关的报告相对较少。安全缺陷报告可以描述软件产品中的安全缺陷问题,如果安全缺陷问题在缺陷被修复之前被暴露,则会对软件安全造成严重威胁。软件管理者通常希望缺陷报告者在公共缺陷跟踪系统中不披露任何可疑的安全缺陷,他们建议将可能存在的安全缺陷私下提交给安全工程师,并由安全工程师对其进行评估,在攻击者发现该漏洞之前完成系统的修复工作。

1.5　国内外研究现状

1.5.1　软件缺陷领域命名实体识别研究现状

目前,命名实体识别的解决方案主要分为四种:基于规则的方法、无监督学习的方法、基于特征的监督学习方法、深度学习的方法。本节将对命名实体识别的四种解决方案的国内外研究现状进行介绍,重点将放在基于特征的监督学习和深度学习的方法上。

1.基于规则的方法

基于规则的命名实体识别方法依赖手工制定的规则,这些规则一般包括特定领域的地名录、句法或者词汇模式等。地名录指的是位置、组织等域名和人名等关键字。因此,基于规则的命名实体识别方法需要特定领域的专家对规则进行手工制定,需要大量的人力按照既定的规则对语料库进行标注。Kim 等人[18]提出使用 Brill 规则推理进行语音输入的命名实体识别。该系统通过 Brill 规则推理达到自动生成规则的目的。在生物医学领域,Hanisch 等人[19]提出 Prominer 系统,它利用预处理的同义词词典来识别生物医学文本中的蛋白质和潜在基因。在电子病历领域,Quimbaya 等人[20]提出一种针对叙述类文本的命名实体识别组合方法,由三种不同的基于词典的方法组成。结果表明,该组合方法召回率有所提高,对命名实体识别的精度影响有限。基于规则的命名实体识别方法存在扩展性差、成本较高等问题。

2. 无监督学习的方法

无监督学习方法中的典型例子是聚类[21]。聚类的关键思想是通过相似度计算把相似的东西聚在一起。因此,使用聚类进行命名实体识别的过程是基于相似性计算对命名实体进行分组。还有一些无监督学习的方法,其技术都依赖于词汇资源(如词网)、词汇模式和在一个大型的未注释语料库上计算的统计量。Collins 等人[22]提出了两种命名实体识别算法,第 1 种方法使用了与 Yarowsky[23]类似的算法,并由 Blum 和 Mitchell[24]进行了修改;第 2 种算法将思想从为监督学习任务设计的增强算法扩展到 Blum 和 Mitchell 提出的框架。这两种算法的目的是利用未标记的数据将监督的需求减少到只需 7 个简单的种子规则。Etzioni 等人[25]描述了 KNOWITALL 系统,一个无监督的、独立于领域的系统,它可以从网络中提取信息。他们通过模式学习、子类抽取和列表提取 3 种方法加强系统无手工标记训练的特性,并提升系统性能。类似地,Nadeau 等人[26]以 Etzioni 等人的研究为灵感,提出了结合命名实体抽取以消除实体歧义的命名实体识别系统。该系统结合了基于简单而高效的启发式实体提取和实体消歧。Zhang 等人[27]提出临床和生物医学领域的无监督生物医学命名实体识别方法,他们利用浅层语法分析和词汇语义辅助实体边界检测和实体分类,避免依赖任何手工规则。他们在两个主流的生物医学数据集上证明了该无监督方法的有效性和可推广性。

3. 基于特征的监督学习的方法

应用监督学习的命名实体识别任务被看作是多分类或序列标注任务。监督学习的思想是在大量标记文档和捕获给定类型实例的设计规则上研究命名实体的特征。该方法可以为给定的被标记数据样本精心设计特征来表示每个训练集,然后利用机器学习算法来学习一个模型,从看不见的数据中识别相似的模式。

特征工程是基于监督学习的命名实体识别方法的关键步骤。特征是为算法服务而设计的描述符或特征属性。特征的一个例子是布尔变量,如果一个单词大写,则值为真,否则值为假[21]。特征向量表示是对文本的抽象,其中一个单词由一个或多个布尔、数字或标称值表示[21,28]。在基于监督学习的命名实体识别系统中,广泛应用的特征包括单词级特征(如大小写、词法和词性[29-30]),列表查找特征(如维基百科地名录[31-33])及文档和语料库特征(如本地语法和出现频率[34-36])。Zhou 等人[29]在命名实体识别系统中应用和整合了 4 种内部和外部特征,包括单词级特征、语义特征等。Settles[30]把丰富的词汇特征应用于生物医学命名实体识别研究,取得了很好的效果。Kazama 等人[31]探索使用维基百科作为外部知识来提高命名实体识别的有效性。他们的方法是检索每个候选词序列相应的维基百科条目，并提取条目第一句中的类别标签。这些类别标签被用作基于 CRF 的网元标记器中的特征。维基百科类别标签提取这样一个看似简单的方法却实际上提高了命名实体识别的准确性。

基于这些特征，许多机器学习算法已经在基于特征的监督学习的命名实体识别方法中得到应用，包括隐马尔可夫模型[37]（hidden markov models，HMM）、决策树[38]、最大熵模型[39]、支持向量机[40]（support vector machines，SVM）和条件随机场[41]（conditional random fields，CRF）等。

Bikel 等人[42-43]首次将隐马尔可夫模型应用于命名实体识别任务，该模型用于识别和分类名称、日期、时间和数值。此外，Zhou 等人[29]提出了一种隐马尔可夫模型和一种基于隐马尔可夫模型的块标记器，并从中建立了一个命名实体识别系统，对名称、时间和数字进行识别和分类。通过隐马尔可夫模型应用和整合内外部特征，可以有效地解决命名实体识别问题。他们对命名实体识别系统进行任务评估，结果表明其性能始终比基于手工制作的规则更好。

Szarvas 等人[44]应用 AdaBoostM1 和 C4.5 决策树学习算法建立多语言命名实体识别系统。该系统的特点是构建一个尽可能大的特征集，通过不同特征子集训练几个独立的决策树分类器，最后对决策进行组合投票。

Borthwick 等人[45]应用最大熵理论提出一个名为"最大熵命名实体"（MENE）的系统。该系统能够利用多样化的知识来源做出标记决策。Chieu 等人[46]提出了不同于以往机器学习方法的基于最大熵的命名实体识别器，该识别器使用来自整个文档的信息来对每个单词进行分类，并且只使用一个分类器。实验结果表明最大熵框架能够直接利用全局信息。

McNamee 和 Mayfield[47]使用了 1000 个与语言相关的和 258 个正字法和标点符号特征来训练 SVM 分类器。每个分类器都可以对当前词是否属于 4 个类别之一进行判定。这 4 种类别分别是位置（LOC），人员（PER），组织（ORG）和缺失（MISC）。

SVM 分类器在预测类别标签时，不考虑相邻的词。CRF 则考虑上下文。Settles 等人[25]提出基于条件随机场的生物医学命名实体识别框架，通过实验表明 CRF 模型对分类有积极影响。通用报告格式，即基于特征的统计模型，将问题简化为寻找合适的特征集。McCallum 和 Li[48]提出了一种基于 CRF 的特征归纳方法应用于命名实体识别任务。Krishnan 和 Manning[49]提出一种基于两个耦合的 CRF 分类器的两阶段方法。第 2 个 CRF 利用了从第 1 个 CRF 的输出中得到的潜在表示。基于 CRF 模型的命名实体识别方法广泛应用于各种文本领域，包括生物医学[31,50]，推文[51]等。

4. 基于深度学习的方法

近年来，基于深度学习的命名实体识别方法占据主导地位，并取得了优秀的成果。与基于特征的监督学习方法相比，深度学习更有利于自动发现隐藏的特征。

Li 等人[11]总结了基于深度学习的命名实体识别方法的 3 层架构，分别是分布式的输入表示、特征编码器和标签解码器。分布式的输入表示包括词的输入表示、字符的输入表示以及二者的混合表示，其作用是尽可能多地把文本的特征和关键信息体现出来。分布式的输入表示是命名实体识别模型的第 1 个阶段,命名实体识别模型成功与否与其分布式的输入表示有着密切关系。目前,许多研究使用预训练的语言模型嵌入的方式对分布式的输入表示进行改进。Peters 等人[52]在大型文本语料库上预训练出深度双向语言模型(bi-directional language model,BiLM)内部状态的学习函数 ELMo,通过应用于大量自然语言处理任务,证实了 BiLM 层有效地编码了上下文中单词不同类型的句法和语义信息。Akbik 等人[53]提出使用基于特征的神经语言模型生成上下文字符串嵌入的方法,该方法在捕捉句法和语义的单词特征的同时,还能够在上下文中消除单词歧义。他们通过实验表明该方法显著优于以前在英语和德语命名实体识别方面的工作。

Liu 等人[54]提出部分命名实体识别的神经语言模型强调消除外部资源的特征,这可能会增加过拟合的概率,因为模型不能访问除标注数据之外的任何监督信号,从而限制了它们在已标注的实体之外进行归纳的能力。因此,他们提出适当地利用外部地名录有益于神经命名实体识别模型。一些研究也表明[55-56],外部资源可以提升命名实体识别任务的表现。但对于外部资源是否应该或者如何集成到基于深度学习的命名实体识别模型中,还没有达成共识。因为外部资源的缺点也很明显,获取外部资源的计算成本高,并且可能影响其通用性。

CRF 是以观测序列为全局条件的随机场[41],CRF 模型已被广泛应用于基于特征的监督学习方法。目前,许多基于深度学习的命名实体识别模型使用 CRF 层作为标签解码器。标签解码器是命名实体识别模型的最后阶段,它将依赖于上下文的表示作为输入,并生成与输入序列相对应的标签序列。考虑上下文的 CRF 无疑是合适的选择,除 CRF 之外,循环神经网络(recurrent neural network,RNN)也是命名实体识别模型常用的标签解码器。Baevski 等人[57]以封闭式的方式对双向变压器模型进行预训练,对 Peters 等人[52]提出的 BiLSTM-CRF 进行改进,在 CoNLL03 上达到了最先进的性能(93.5%)。

循环神经网络拥有挖掘数据中的时序信息及语义信息的深度表达能力,一些研究[52-54]探索了循环神经网络解码标签的方法。Nguyen 等人[58]提出循环神经网络的优势是它能够捕捉大范围的上下文,并且将在一个大型语料库上训练的单词嵌入模型转换为特定任务的单词表示中,但仍然保留原始的语义概括,从而有利于跨领域使用。Miwa 和 Bansal[61]提出了一个有效的循环神经网络模型,该模型只需很少的特征工程来检测实体,然后组合这两个实体来检测实体间关系。通过提供每个可能的关系,为实体识别提供帮助。Zheng 等人[60]提出基于神经网络的端到端模型,它包含一个双向长短期记忆层来编码输入句子,和一个基于 LSTM 的标签解码层。实验结果表明了该方法的有效性,基于神经网络的端到端模型可以很好地学习训练集共同特征,但也导致了较低的可扩展性。

随着基于深度学习的命名实体识别技术的发展,基于深度学习的中文命名实体识别研究也取得了一定的进展。Wu 等人[62]和 Wang 等人[63]研究了中国临床文本中的命名实体识别。Wang 等人[63]将字典合并到深度神经网络中的中文临床命名实体识别任务中,弥补了数据驱动方法缺乏处理罕见的或看不见的实体的缺陷。Zhang 等人[64]提出了一种字词联合的 Lattice-LSTM 模型,该模型可以对一系列输入字符序列以及与词典匹配的所有潜在单词进行编码。Kong 等人[65]提出 LSTM 的循环结构使得 GPU 并行性难以利用,这在一定程度上降低了模型的效率。此外,当句子较长时,LSTM 很难捕获全局上下文信息。因此,他们构建了多层次的卷积神经网络(convolutional neural network,CNN)来捕捉长短期上下文信息,加入注意力机制获取全局上下文信息,提高了模型在命名实体识别任务中的性能。近年来,中文命名实体识别研究的领域主要集中在临床、生物医学以及金融等领域。这些领域的数据一直都在爆炸式地增长,例如临床数据,对疾病和检查等医学术语进行识别分类的临床命名实体识别越来越重要,因为它对后续的诊断具有一定的参考价值。

基于深度学习的命名实体识别方法在各个领域发展迅速。在软件缺陷领域,随着人们对软件项目的需求日益增大,缺陷数据量也在不断增长,一些研究[66-67]开始探索软件缺陷领域的命名实体识别方法。2018 年,Zhou 等人[66]提出使用条件随机场和词嵌入技术构建命名实体识别方法 BNER 来识别软件缺陷存储库中的缺陷实体。2020 年,Zhou 等人[67]对 BNER 方法进行改进,不仅使用了单词嵌入和字符嵌入,还加入了外部资源作为领域特征,以弥补数据量不够大的问题。本书对软件缺陷领域的命名实体识别展开研究,为后续软件缺陷领域的命名实体识别以及软件缺陷其他任务提供参考价值。

1.5.2　知识图谱研究现状

知识图谱虽然在 1972 年的文献中已经出现,但是真正被提出是谷歌在 2012 年发布的知识图谱[68],随后越来越多的研究者开始了对知识图谱的研究,去定义、概述、应用知识图谱这门新技术。知识图谱是由语义网络发展而来的,以图的方式来表示数据是知识图谱的核心思想,通过一定的方式来表示知识是这门技术研究的方向[69]。知识图谱的应用场景是从不同的数据源和大规模的数据中提取价值信息。用图的形式来表示知识为各个领域提供的一种简洁直观的抽象,知识图谱中的节点是生活中事物的抽象实体,而知识图谱中的边可以把领域中相关的实体连接起来,以图的形式维护事物使其有更好的扩展性,方便在后期工作中不断添加新的事物。在知识图谱的发展过程中,研究者们提出了许多优秀的产品。

Bordes 等人[70]根据词向量空间对词语义和句法之间存在的平移不变性,提出了 TransE 模型,该模型在知识图谱补全方面具有很好的效果,并且 TransE 模型在文本和关系模型提取中取得了良好的效果。实体关系抽取是知识图谱构建的重要环节,一些学者将深度学习方法用于实体关系抽取中。Zeng 等人[71]在 2014 年首次将神经网络模型用于关系抽取中,并对实体之间的关系进行了分类,实验表明该模型具有很好的效果,该方法被广泛用于知识抽取中。

国内对知识图谱的研究仍然处于发展阶段。北京大学数据管理实验室研发了面向知识图谱的自然语言问答系统 gAnswer[72],该系统将自然语言问题进行语义解析,并构建语义查询图,将构建好的语义查询图转化为 SOARQL 语句,从而在图数据库中查询出用户所需要的答案;复旦大学计算机学院机器人研究实验室开发了 FudanDNN-NLP4.2 系统[73],该系统可以用于命名实体识别、信息抽取、三元组抽取等,具有系统开销小,运行速度快等优点。清华大学自然语言处理实验室研发了知识图谱表示工具 OpenKE[74],该工具可以将知识图谱嵌入到低维连续向量空间中进行表示,并且模型训练的速度和效率较快。

在软件安全领域中,知识图谱也用来表示产品、版本、漏洞之间的依赖关系,领域知识图谱用来表示特定的领域知识之间的关系[75-77]。Qin S 等人[78]提出了一种基于安全漏洞知识图谱的自动推理模型,通过自然语言处理技术,将实体添加到漏洞知识图谱中,从而推理计算出软件中存在的隐藏漏洞。Du 等人[79]为了构建软件知识图谱模型,通过随机森林算法将 CVE 版本项目和 Maven 版本项目连接起来,从而能够准确地识别漏洞和软件组件之间的关系,实验结果表明,该方法具有良好的效果。Xiao 等人[80]提出了一种知识图谱嵌入方法,将软件安全实体和关系添加到软件知识图谱中,从而预测软件安全实体之间的关系。谢敏容[81]通过对多源、异构数据进行语义分析,构建并设计了网络安全知识图谱系统。

1.5.3　重复软件缺陷报告检测方法分类研究

在研究总结前人分类策略的基础上,本书提出了一种基于技术研究的分类策略。具体思想是根据研究文献中使用到的具体技术手段进行分类,对于重复软件缺陷报告检测方法,可将其分为以下 3 类。

1. 基于自然语言处理技术(natural language processing,NLP)的方法

(1)词嵌入模型的应用。Budhiraja[82]等人在研究 Alipour[83]和 Nguyen[84]提出的基于主题模型 LDA 检测重复软件缺陷报告的方法时,发现主题模型 LDA 具有较好的召回率,在研究 Yang[85]及 Mikolov[86]提出的基于词嵌入模型的重复软件缺陷报告检测方法时,发现其具有较好的精度。为了同时获得主题模型 LDA 与词嵌入模型的优势,Budhiraja[82]等人提出了一种基于主题模型 LDA 与词嵌入模型相结合的重复软件缺陷报告的检测方法(LWE)。Budhiraja 等人[87]提出了一种基于词嵌入模型与深度神经网络相结合的重复软件缺陷报告检测方法(DWEN),该方法通过训练的词嵌入模型将软件缺陷报告转换成一个向量,再经过随机梯度下降的深度神经网络方法训练这些向量,以此来检测一对软件缺陷报告是否为重复软件缺陷报告对。词嵌入模型注重单词间的关系,考虑单词出现的上下文,基于词频的 TF-IDF 方法则更注重不同文档在整个语料库中的关系。Yang 等人[85]认为这两种方法是相辅相成的,基于此提出了一种基于词嵌入模型与 TF-IDF 方法结合的方法,通过计算软件缺陷报告的标题、描述、产品及组件的相似性分数生成重复软件缺陷报告列表。Hu 等人[88]在 Yang 等人[85]提出的方法基础之上进行了优化,增加了计算软件缺陷报告的标题、描述,作为文档嵌入向量的相似性分数。结果显示其召回率可以有效提高 7.89%～8.96%。Wang 等人[89]提出了一种将缺陷屏幕截图与文本信息相结合的重复软件缺陷报告检测方法,可以提取缺陷屏幕截图的图像结构特征和图像颜色特征,文本的处理通过单词嵌入和 TF-IDF 方法进行处理。以此计算缺陷屏幕截图相似性和文本相似性,相似度分数主要依靠文本相似性分数判决软件缺陷报告是否为重复软件缺陷报告。

(2)VSM 模型、TF-IDF 算法、余弦相似度的应用。Sabor 等人[90]首先提出将函数调用的堆栈跟踪信息抽象为包名序列的特征提取方法,将每个函数替换为包名序列,以此减小特征向量的维度。然后使用堆栈跟踪相似性和软件缺陷报告的组件、严重程度字段的线性组合的余弦相似度来度量新的软件缺陷报告和软件缺陷报告库中的软件缺陷报告的相似性。根据软件缺陷报告对的余弦相似度的大小排列生成一组重复软件缺陷报告的推荐列表。Banerjee 等人[91-92]提出了一种基于余弦相似度、时间窗口和文档因素结合的方法,时间窗口和文档因素被用来缩小原本巨大的搜索空间。Gopalan 等人[93]提出了一种基于 INCLUS 聚类算法[94]与余弦相似度相结合的重复软件缺陷报告检测方法。

Chaparro 等人[95]基于 Lucene 技术方法提出了新的查询策略,Lucene 技术是将 TF-IDF 方法和信息检索中的布尔模型结合起来计算新的软件缺陷报告与现有报告之间的相似性的方法。Lerch 等人[96]仅基于软件缺陷报告中的堆栈跟踪信息来计算软件缺陷报告之间的相似性。

Runeson 等人[97]提出基于矢量空间模型结合余弦相似度算法检测重复软件缺陷报告的方法。Huang 等人[98]提出基于矢量空间模型结合 TF-IDF 算法的重复软件缺陷报告检测方法。Wang 等人[99]在 Runeson 提出的方法之上增加了执行信息的相似度检测,其中执行信息使用矢量空间模型进行向量化表示,并规定文本信息的相似度分数权重大于执行信息的相似度分数权重。Song 等人[100]基于矢量空间模型开发了 JDF 工具(一组集成在 Jazz 中的 Eclipse 插件),使用自然语言和执行信息查找给定软件缺陷报告的潜在重复项。

Thung 等人[101]基于 Runeson 提出的方法实现了开源工具 DupFinder 可以集成在缺陷跟踪系统(Bugzilla)中使用。DupFinder 从缺陷跟踪系统中出现的新的缺陷报告和历史的软件缺陷报告摘要和描述字段中提取文本,使用向量空间模型来度量软件缺陷报告的相似性并根据这些报告与新的软件缺陷报告的余弦相似性,向系统维护人员提供潜在的重复软件缺陷报告列表。

(3)其他。Ebrahimi 等人[102]在进行重复缺陷报告检测研究工作时发现只有少数的研究方法考虑了执行信息(堆栈跟踪),基于此提出了一种利用堆栈跟踪和隐马尔可夫模型自动检测重复缺陷报告的新方法。Sureka 等人[103]第 1 次提出了一种使用字符级 N-gram 模型进行文本相似性匹配的识别重复缺陷报告的方法。Dang 等人[104]提出了一种基于堆栈跟踪的新的相似性度量值,称为位置依赖模型(PDM)。PDM 根据两个调用堆栈上的函数到顶部架构的距离以及匹配函数之间的偏移距离计算两个调用堆栈之间的相似性。

2. 基于机器学习(machine learning,ML)的方法

Nguyen 等人[58]提出了一种将主题模型 LDA 和 BM25F 模型相结合的 DBTM 综合模型,它从语义上捕捉缺陷报告中的文本信息,结合基于主题的特征结构制定缺陷报告之间的语义相似性度量。Klein 等人[105]在 Alipour 等人[83]的研究基础之上通过引入一系列基于缺陷报告主题分布的度量(度量两个主题文档分布之间的第 1 个共享主题)来扩展主题模型 LDA。Su 等人[106]基于 adaptive bug search(ABS)(Oracle 开发的一种服务,使用机器学习来查找给定输入缺陷的潜在重复缺陷)利用产品和组件的关系实现重复缺陷报告的检测工作。Lin 等人[107]基于 Sun 等人[108]使用支持向量机提出的判别模型(SVM－54,综合了缺陷报告 54 个文本结构的相关特征,对不同的缺陷报告字段进行组合检测),提出了一种增强 SVM-SBCTC 模型,通过考虑基于聚类的相关性(使用 TF-IDF 算法)、基于 BM25F 的文档相关性和基于 Word2vec 的语义相关性进行重复缺陷报告的检测工作。Lazar 等人[109]提出了一种基于新的文本相似性特征和二进制分类的自动重复缺陷报告检测的改进方法。将缺陷报告的文本字段串联在一起作为分类的基础,而不是仅仅使用缺陷报告的标题和描述文本,采用支持向量机方法对缺陷报告进行标记,分类为重复或者非重复。

3. 基于深度学习(deep learning,DL)的方法

He 等人[110]提出了一种构建双通道的卷积神经网络(DC-CNN)的重复缺陷报告检测方法,在该方法中,每个缺陷报告都通过使用词嵌入模型转换为二维矩阵。Xie 等人[111]提出了一种基于卷积神经网络与词嵌入模型结合的重复缺陷报告检测方法。该方法采用词嵌入作为输入层,为卷积层提供特征向量。使用卷积层和最大池化层构建任意两个缺陷报告的分布式向量表示。之后,使用余弦相似度计算得到输入的两个缺陷报告的相似度分数。Deshmukh 等人[112]提出了一种利用暹罗卷积神经网络和长短期记忆网络模型建立分类网络模型准确检测重复缺陷报告的方法。该方法首先使用单词嵌入模型将自然语言缺陷报告文本的描述转换成数字表示,然后用长短期记忆网络模型和卷积神经网络模型对这些数值表示进行编码,然后计算这两个编码的相似性以获得两个缺陷报告的相似性。Xiao 等人[113]提出了一种使用异构信息网络准确地检测语义相似的重复缺陷报告的方法。该方法将缺陷报告的语义关系嵌入到一个低维空间中,由两个向量表示缺陷报告对,两个向量在空间中的距离越近表示两个缺陷报告的相似度越高。

由以上重复软件缺陷报告检测方法的研究工作现状可以发现,深度学习模型的研究应用已成为热点。如何挖掘选取缺陷报告的特征,如何更好地表征句子之间的语义相似性是重复软件缺陷检测性能的瓶颈之一。在此情景下,挖掘缺陷报告不同的特征和融合不同的相似度计算方法是重复软件缺陷报告检测领域的主要研究方向。

1.5.4　安全缺陷报告预测研究现状

安全缺陷报告预测是指从大量的缺陷报告中识别出与安全相关的缺陷报告,目前相关的研究将安全缺陷报告的识别作为分类任务,即与安全相关的软件缺陷报告标记为"1",与安全不相关的缺陷报告标记为"0",这主要是利用缺陷报告中的摘要和描述部分的文本信息进行识别的。这些基于文本信息的识别方法主要分为以下三个步骤:①提取缺陷报告中的文本信息,如摘要、描述和评论信息等,将文本信息进行预处理;②将这些预处理后的文本信息通过词频(term frequency,TF)、词袋模型(bag of words)、词频－逆文档频率(term frequency-inverse document frequency,TF-IDF)等文本表示模型转换成特征向量;③利用特征向量去训练分类模型,预测安全缺陷报告。

Gegick 等人[112]首次将文本分析的方法应用在安全缺陷报告识别领域,他们利用缺陷报告中的文本描述信息,创建了三个用于文本挖掘的配置文件:开始列表、停止列表和同义词列表。并利用词袋模型将所有的缺陷报告表示成文档矩阵,最后采用朴素贝叶斯(Naive Bayes)、k 最近邻居(k-nearest neighbor)等分类算法进行训练,从而对思科的实际工程项目进行安全缺陷报告的预测。但是该方法存在训练数据中含有噪声数据以及类别不平衡的问题,使安全缺陷报告的识别效果并不理想。Behl 等人[113]采用朴素贝叶斯模型来进行缺陷报告的识别,他们使用词袋模型来表示缺陷报告,并且使用 TF-IDF 值来作为词的权重,但是该方法只使用了正确率和准确率作为度量的标准,在类别不平衡时这两个指标并不能充分衡量安全缺陷报告的识别效果。Chawla 等人[114]利用缺陷报告中的语义信息,将从 LSI(latent semantic indexing)获得的语义相似词与 TF-IDF 提取的词语相结合来获得语义相似词,并通过多项式朴素贝叶斯模型对缺陷报告进行分类。Zou 等人[115]通过利用缺陷报告中的元特征信息和文本特征信息去训练模型,通过自然语言处理和机器学习技术自动识别安全缺陷报告,在召回率指标上取得了较大的提升。Wijayasekara 等人[116]分析了 Linux 内核和 MySQL 两个项目在 2006 年到 2011 年期间暴露的安全缺陷问题,提出了一种基于文本挖掘技术的识别方法,从缺陷报告的文本描述中提取文本中的信息,并对这些信息进行处理,然后利用特征信息来训练分类器,从而识别安全缺陷报告。Xia 等人[117]使用监督学习方法识别安全缺陷报告,他们开发了一个新的自动化框架,训练具有已知标签的历史缺陷报告的统计模型,然后使用统计模型来预测一个新的缺陷报告。结果表明,具有信息增益特征选择的朴素贝叶斯多项式的平均表现最好。

在安全缺陷报告识别任务中存在着严重的数据不平衡问题,安全缺陷报告的数量远远小于非安全缺陷报告的数量,这会严重影响预测模型的分类效果,因此,一些学者对数据不平衡方面的问题进行了探究。Peter 等人[118]发现一些在安全缺陷报告中出现的关键词在非安全缺陷报告中也同样会出现,属于安全交叉词,这些安全交叉词对分类模型的训练引入了噪声,因此,他们将含有安全交叉词并且评分大于阈值的非安全报告从训练集中去除,以此来提高模型的识别效果。他们针对噪声数据和安全缺陷报告类别不平衡的问题提出了一种过滤框架 FARSEC,来过滤和分类错误报告,以减少训练集中的噪声数据。但是该方法存在提取的安全关键词不准确,误报率较高等问题。受此启发,Jiang 等人[119]使用了一种基于内容的安全缺陷报告过滤方法 LTRWES。LTRWES 采用排序模型 BM25F 和单词嵌入技术进行安全缺陷报告识别,用单词嵌入来将缺陷报告转换为向量,然后使用机器学习算法来进行预测。Shu 等人[120]针对样本不平衡问题,采用了超参数优化方法[121],对数据集的预处理和分类器进行了优化,进一步提升了模型的性能。Yang 等人[122]利用四种不平衡数据的处理方法(随机欠采样、随机过采样、合成少数类样本的过采样、代价矩阵调节方法)对训练集进行处理,并使用朴素贝叶斯模型作为分类算法来识别具有较大影响的缺陷报告。Popstojanova 等人[123]通过使用监督和非监督学习两种方法对安全和非安全相关的缺陷报告进行了分类,使用了三种类型的特征向量(二元词袋频率(Binary Bag-of-Words Frequency,BF)、词频(TF)和 TF-IDF),非监督学习克服了监督学习因为人工标记数据产生的类别不平衡问题。实验结果表明监督学习的识别效果优于非监督学习的方式。

在安全缺陷报告识别任务中,安全相关关键词对于安全缺陷报告的识别具有重要的作用,关键词提取的质量好坏影响着分类模型的性能。安全关键词提取一般使用自动或半自动的方法来识别出与安全相关的关键词,然后利用这些关键词作为特征并计算在每个文档中的频率来建立预测模型,从而识别出安全缺陷报告。Gegick 等人[112]创建了三个用于文本挖掘的配置文件:开始列表、停止列表和同义词列表。他们从缺陷报告中获得相关关键词,并手动添加如脆弱性和攻击等安全关键词,以及没有明确表示与安全相关的关键词,如崩溃和过度等。Pletea 等人[124]提出了一种基于关键词的方法,他们根据现有文献和自身的安全专业知识创建了关键词列表,列表中包含了 security、ssl、encryption 和 authentication 等与安全相关的关键词。Hindle 等人[125]使用外部数据源创建了关键词列表。他们将关键词列表与非功能需求标准中的 6 个标签(可维护性、功能、可移植性、有效率适应性、可用性和可靠性)相关联,然后使用 WordNet 来扩展关键词列表。Peter 等人[118]通过计算安全缺陷报告数据集中的 TF-IDF 值,选取 TF-IDF 值最高的前 100 个单词作为安全关键词,并计算缺陷报告的分数,将非安全缺陷报告中大于阈值的缺陷报告过滤,最后使用分类模型来进行安全缺陷报告的预测。Wu 等人[126]在 Peter 等人[118]的基础上通过使用 CWE 常见缺陷列表的名称、CWE 的描述信息、CWE 的扩展描述[127]和 CVE 国际权威漏洞报告库来提取关键词并生成一个关键词矩阵,来预测安全缺陷报告。但是这些基于安全关键词的方法存在关键词提取不准确以及缺乏关键词之间的语义联系等问题,因此识别效果并不是很好。

1.6 本文主要内容

如图 1-4 所示,本文总结了软件缺陷领域的命名实体识别研究,发现其存在以下两个问题。首先,作为特定领域的命名实体识别,软件缺陷领域没有特定的命名实体分类标准,软件缺陷领域缺少公开的标注语料库;其次,软件缺陷报告中的非结构化文本内容繁杂,形式多样化,给特征的提取增加了难度。针对以上两个问题,本书提出软件缺陷领域命名实体识别的研究过程以及软件缺陷领域命名实体识别的三个关键方法,并进一步应用到缺陷报告检测领域中,从而能够快速准确地识别出重复软件缺陷报告以及安全缺陷报告。本书主要的研究内容如下。

(1)针对缺陷报告中非结构化文本内容繁杂,形式多样化的问题,总结出软件缺陷领域的命名实体识别研究存在的上面两个问题,并提出了三个关键方法,分别是基于随机森林上下文的命名实体识别方法 RNER、基于多级别特征融合的命名实体识别方法 MNER、基于 BERT-BiLSTM-CRF 模型的软件缺陷命名实体识别方法 BC-NER。

(2)针对元数据信息缺失和重复度低的问题,提出了 DB-CNN-NER 的重复软件缺陷报告检测方法,通过 BERT-BiLSTM-CRF 模型识别出缺陷报告文本信息中的软件缺陷命名实体,将软件缺陷命名实体类别作为元数据特征进行重复软件缺陷报告检测。验证了融合软件缺陷

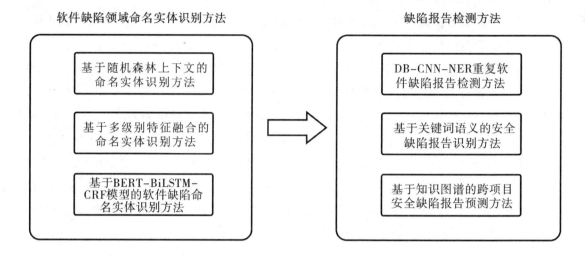

图 1-4　研究路线

命名实体类别作为元数据特征对于重复软件缺陷报告检测的有效性。

（3）针对安全缺陷报告识别过程中，存在数据集不平衡、关键词提取不准确、缺乏关键词上下文语义信息等问题，提出了基于知识图谱的安全缺陷报告预测方法。本研究以知识图谱理论为基础，将知识图谱应用到安全缺陷报告识别领域中，从而可以进一步理清安全缺陷报告产生的原因和不同安全类型之间的关系。书中通过使用安全领域知识作为数据源，提取安全关键词并建立安全关键词之间的语义关系，以解决安全关键词提取不准确，以及缺乏关键词之间关系的问题。并提出了基于知识图谱的安全缺陷报告识别方法 SBRKG(security bug report-knowledge graph)，以解决传统分类模型中存在数据不平衡的问题，从而进一步提升安全缺陷报告的识别效果。

（4）针对不同缺陷报告项目之间数据分布的差异性大、安全特征稀缺和类别不平衡等问题。以安全关键字过滤为思路提出了一种融合知识图谱的跨项目安全缺陷报告识别方法 KG-SBRP(knowledge graph of security bug report prediction)。书中使用安全缺陷报告中的描述字段结合 CWE(公共缺陷枚举)构建三元组规则实体，以三元组规则实体构建安全漏洞知识图谱，在图谱中结合实体及其关系识别安全缺陷报告。

第 2 章

软件缺陷领域命名实体识别方法

2.1　引　言

当前,软件产业规模不断增长,大量的人力、物力投入到了软件维护工作中,包括缺陷分类、缺陷预测、缺陷修复等。这些软件维护工作依赖于软件缺陷报告提供的缺陷信息,其关键是通过缺陷报告中已有的信息对未知的情况进行预测。命名实体识别是信息抽取的一个有效工具,因此将命名实体识别应用于软件缺陷领域,将促进软件维护工作向前发展。本书总结了已有研究对软件缺陷领域命名实体识别的工作,并分析软件缺陷领域命名实体识别分类工作中存在的问题,同时对软件缺陷领域命名实体识别研究过程进行了系统阐述。

2.2　软件缺陷领域命名实体分类标准

缺陷跟踪系统中存在各种不同类型的缺陷,但对缺陷进行分类的缺陷跟踪系统却很少。Lal 等人将缺陷跟踪系统中的缺陷报告分为七类:回归(在先前的软件版本中有效但在当前版本中失效)、安全性(存在潜在的安全风险)、崩溃(导致软硬件崩溃的缺陷,不可恢复的挂起或数据丢失)、性能(降低软件性能或响应能力的缺陷)、可用性(界面外观或软件可用性问题)、优化(需要进行调整优化的问题)、清理(不再使用的功能或模块需要丢弃)。本书将软件缺陷领域中的软件缺陷命名实体分为七类:程序语言、应用程序接口、环境、用户界面、平台、安全和软件标准,见表 2-1。

表 2-1　软件缺陷领域缺陷命名实体分类标准

实体类别	标签	说明
程序语言 (programming language)	PL	· 面向对象语言,如 Java、C♯等 · 面向过程语言,如 C 等 · 脚本语言,如 Python 等 · 网页开发,如 JavaScript 等 · 其他类型,如 SQL
应用程序接口 (application programming lnterface)	API	· 面向对象语言,如包、类、接口、方法、函数等 · 非面向对象语言,如函数,如 C malloc · 其他,如事件、内置模块,如 JavaScript onclick 事件
环境(environment)	Env	· 软件工具,如 Eclipse、Firebug · 软件库,如 NumPy、jQuery · 开发框架,如 maven、Spring · 其他软件应用类型,如 Markdown
用户界面(user interface)	UI	用户界面,如页面布局、按钮设置

实体类别	标签	说明
平台（platform）	Plat	• CPU 指令集，如 x86、AMD64 • 硬件架构，如 Mac Hardware • 操作系统，如 Android、Windows
安全（security）	Sec	• SQL 注入 • Cookies 数据安全 • URL 篡改
软件标准（software standard）	Stan	标准规范： 　　• 数据格式，如.xml 　　• 协议，如 TCP 　　• 软件设计模式，如单例模式 标准软件技术的首字母缩略词，如 AJAX、JDBC

程序语言是指当前缺陷属于哪种开发语言相关的缺陷，不同的开发语言处理缺陷或者解决缺陷的方式存在差异。该类别的实体包括主流的面向对象语言（如 Java）、面向过程语言（如 C）以及结构化查询语言 SQL 等。

应用程序接口是指开发人员可以用来编程的库和框架的 API 元素，如包、类、方法和函数等，通过识别 API 类别，可以定位代码级别的错误。

环境包含四个子类别：软件工具，如开发工具 Eclipse；软件库，指集成了一些通用功能的程序集合，如 NumPy；开发框架，指服务于软件开发的代码集合，如 ASP. NET；其他软件应用类型，指在软件开发过程中可能会使用到的通用软件工具，如 Markdown。

用户界面是指与图形用户界面相关的缺陷。随着人们对智能设备的接受和认可程度越来越高，大量服务于用户的软件都开发了简单易操作的用户界面。在用户操作过程中，界面存在的问题、缺陷就属于用户界面类别。

平台主要指的是软件或硬件平台，如中央处理器指令集（如 x86）、硬件架构（如 Mac）、操作系统和系统内核（如安卓、IOS）。

安全是指与代码安全或者软件安全相关的缺陷。在软件开发和维护过程中，与安全相关的缺陷可能会对软件造成较大损失，因此与安全相关的缺陷一般拥有较高的优先级和重要程度。识别出缺陷报告中安全类别的命名实体有助于缺陷的优先修复，有益于软件发展。

软件标准包括软件工程领域的标准规范，如数据格式、网络协议、软件设计模式等，以及标准软件技术的首字母缩略词，如 AJAX。

2.3　基于随机森林上下文的命名实体识别方法

2.3.1　数据预处理

数据预处理的其他工作包括分词、词性标注、序列标注标签三个部分。首先对于分词和词性标注阶段的工作,使用 Python 的自然语言工具包 NLTK 实现。为了更好地保留实体特征,对 NLTK 中的正则表达式进行了修改,以更好地匹配实体。"onDestory()"为一个函数,在 NLTK 中"onDestory()"实体会被拆分成"onDestory""("")"3 个分词。对其 NLTK 进行正则匹配规则修改后,"onDestory()"实体会被当作一个整体进行分词处理。通过改写正则的匹配规则,可以使实体表示更加完整。

在序列标注标签阶段,标注所需语料库的工作分为三个阶段。

第 1 个阶段邀请了 3 位课题组的同学一起参与,由他们各自标注 100 个缺陷报告,要求在标注过程中维护一个实体词典。

第 2 个阶段,清理在第 1 轮中带标注的数据,并再次对它们进行标注。通过双重验证进行人工检查,即每个缺陷报告至少由两个参与者独立检查两次,每个参与者对 4 个不同项目的数据进行标注。如果标注的结果不一致,他们将进行讨论并达成共识。这里使用 Cohen 的 Kappa 系数来衡量参与者之间的一致性水平。Cohen 的 Kappa 系数被广泛用作评分者间信度的评级,该系数代表了研究中构建的语料库正确表示要识别的缺陷实体的程度。其计算公式如式(2-1)所示,表示观测一致的总比例。式(2-2)是七种实体类别和非实体类别具有一致的观测标注结果的数据量除以实体类别与非实体类别的数量之和,表示虚假一致总比例。式(2-3)中 AY、BY 分别表示标注者标注为实体的数量结果与总数量的比例,AY、BY 的概率乘积表示标注为实体的凑巧一致性;AN、BN 分别表示标注者标注为实体的数量结果与总数量的比例,AN、BN 的概率乘积表示标注为非实体的凑巧一致性,二者相加为凑巧一致概率的和。

$$\hat{k} = \frac{p_o - p_e}{1 - p_e}(0 \leqslant \hat{k} \leqslant 1) \tag{2-1}$$

$$P_o = \frac{\text{观测一致数据量 } M}{\text{总数据量 } N} \tag{2-2}$$

$$P_e = P_{(AY\&BY)} + P_{(AN\&BN)} \tag{2-3}$$

在完成标注的数据中根据式(2-1)、式(2-2)及式(2-3)计算可得 $P_o = 0.92$,$P_e = 0.42$,$\hat{k} = 0.84$,该结果表示标注数据的参与者之间几乎达到了完全的一致性。

第 3 个阶段,开始标注语料库。在整个过程中,标注的质量和一致性是主要的关注点。因此,在标注过程中,手工过滤了少数质量差的缺陷报告。标注具体情况如表 2-2 所列。针对部分分类实体数量较小的情况,再从缺陷报告库中选取部分缺陷报告作为补充,保证实体分类的多样性和全面性,以此保证标注结果的准确性和可靠性。

表 2-2 语料库数据标注分布情况

项目	缺陷报告总数量/k	标注缺陷报告数量	词元数量	实体数量
Mozilla	8	2135	19917	1878
Spark	11	1841	16936	1907
Eclipse	63	1130	13533	1447
Hadoop	12	1054	10517	1117
Total	94	6160	60903	6349

2.3.2 分类器模型算法

随机森林是一种新的集成学习算法,它的基分类器是分类回归树(classification and regression tree,CART),用随机森林算法生成多个不同的训练样本集,并且在构建决策树的过程中,从所有特征中随机选择特征子集对各节点进行分割。分类回归树与随机森林算法结合,随机选择特征子集进行节点分割,可以使随机森林有较好的抗噪性,并且具有很好的分类效果。本节主要介绍通过数据预处理和分类器模型算法构建基于随机森林上下文的命名实体识别模型的过程。图 2-1 为基于随机森林上下文命名实体识别的模型框架。第 1 步是构建基于软件缺陷报告的软件缺陷命名实体数据集,并以软件缺陷领域命名实体类别的定义为标准进行序列标注标签的工作,以及词性标注的工作。第 2 步对处理好的数据集进行分析并提取特征。第 3 步搭建分类器模型进行软件缺陷命名实体识别。

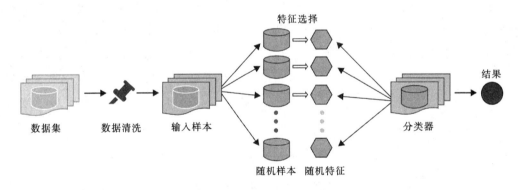

图 2-1 基于随机森林上下文的命名实体识别模型

构建随机森林上下文命名实体识别模型时,特征选择是十分重要的环节,实体分类的结果都以特征形式得以表现,同时特征作为模型的输入参与计算。提取合理的实体特征能够有效增强模型的性能。本节充分考虑了软件缺陷命名实体的特征,包括字符特征、词性特征、上下文特征,从这三种特征的角度建立训练数据的特征表达。这三种实体特征的详细介绍如下。

(1)字符特征:反映了当前词的一些属性情况,主要考虑词的以下情况,即单词大小写,是否包含数字、字符长度,是否为句子的开头结尾、前缀与后缀等基于单词特征的基本特征。

（2）词性特征：在对实体进行识别的过程中，词性特征至关重要，本书中的词性特征为 NLTK 工具标注数据的结果。

（3）上下文特征：上下文特征是指当前词的上下文窗口的大小，也就是当前词的左侧词和右侧词。在对其窗口大小的实验中得出窗口大小为 $[-2,2]$ 时拥有较好的表现；窗口大于 2 时并不能对实验结果有大的影响。因此，本文选择窗口大小为 2 的上下文。实验不仅考虑上下文的词，也将上下文词的词性作为上下文特征的一部分。

在随机森林中，事先指定一个正整数 m（m 需小于总特征数 M），每次随机从总特征中挑选出 m 个特征形成一个特征子集，再从这个子集中选出最优特征划分该节点，这就是随机森林的特征选择规则。根据随机森林强度和相关性的理论分析，可以从这两个角度对随机森林的特征选择进行改进，基本思想是减小相关度和增大强度。为了保证在减小相关度和增大强度之间达到平衡，需要在提升森林中随机树平均精度的同时，减少属性间的关联度。

随机森林原始的特征选择算法是每次随机从总特征中挑选出 m 个特征形成一个特征子集，这种随机性降低了树与树之间的相关性，能尽可能地让所有的属性都参与到森林的构造中。对于一个单独的分类器，也许不能达到很好的效果，但集成为一个森林后可以很好地工作。这种随机性也带来了一些问题：可能存在特征的冗余情况，将降低随机森林的泛化能力。解决方案：通过赋予属性不同的权值来表示属性间关联性的强弱。卡方值可以判断属性间是否相关，可以利用卡方值进行特征的关联度分析。

为了降低随机森林中树与树之间的相关性，随机森林在生成大量分类树后，根据分类树的相似性进行聚类分析，抽取最具代表性的分类树集成为新的森林。针对新的森林，采用多数投票法解决分类问题。利用随机森林分类树对测试样本进行判别分类，其过程就是对随机森林中所有决策树进行判断和分类，每棵树都会得到一个决策结果，将所有决策结果中分类最多的作为投票结果。

在此，将 RNER 分类器模型的构造过程分为四个阶段。

（1）数据集获取阶段，通过随机抽取样本构建多个样本数量相同的随机子集。

（2）特征划分阶段，为了更好地利用不同特征和分类属性之间的相关性，根据卡方值的大小赋予其相关特征不同的权重。上下文特征对于分类结果的影响较大，因此可以将特征分为两类区间：上下文特征区间 $\{P\}$ 和其他特征区间 $\{O\}$。在选择特征时，分别从两个区间中进行选取，则特征划分的过程中保证了上下文特征。

（3）将单个决策树加入随机森林（Fo）阶段。根据特征选择算法，将大量分类树加入森林中，得到随机森林 Fo。根据分类树的相似度进行聚类分析，选择相似分类树中最具代表性的分类树构成新的森林 Fo。

（4）投票分类阶段，投票得到最终分类结果。详细的 RNER 分类器模型算法如算法 2-1 所示。

算法 2-1 RNER 分类器模型算法

输入：

数据集 D

每个节点的特征数 M

从前一个集合选择的特征数 S

数据集的总特征数 F

构建的分类树个数 T

输出：随机森林 Fo

过程：

步骤一 获取数据集

对数据集 D 随机抽取样本，构建多个样本数量相同的随机子集 D'。

步骤二 特征划分

(1)计算每个特征的卡方值 k；

(2)根据卡方值赋予特征权重 W；

(3)划分特征区间，上下文特征 $\{P\}$ 和其他特征 $\{O\}$。

步骤三 构建随机森林分类器

(1)$For\ (i=1\ to\ T)$

①随机选择一定比例的样本；

②从第一个区间选取 S 个特征，从另一个区间选取 $M-S$ 个特征，组合形成新的特征子集；

③建立分类树，增加到森林 Fo 中。

(2)聚类分析，得到新的随机森林 Fo。

End

步骤四 投票得到最终的分类结果

2.4 基于多级别特征融合的命名实体识别方法

在命名实体识别领域，深度学习的关键优势是具有表示学习的能力，由向量表示、神经处理所赋予的语义组成。本节提出一种基于多级别特征融合的命名实体识别模型。该模型通过不同级别的词嵌入提取更多字词特征，将这些不同级别的特征进行融合，得到最后的词嵌入作为 BiLSTM 网络的输入。通过 BiLSTM 学习特征，并加入注意力机制，以减少较长的缺陷文档中实体标签的不一致性，最后通过 CRF 层获得预测标签序列。模型具体架构如图 2-2 所示。

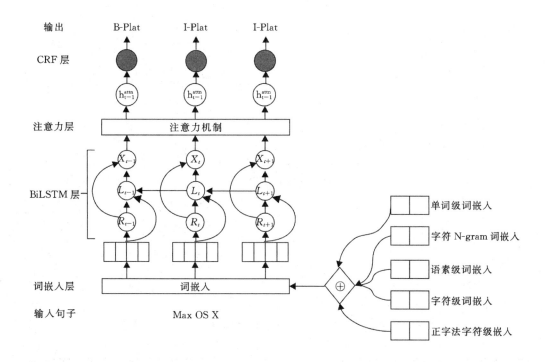

图 2-2　基于多级别特征融合的命名实体识别模型架构

2.4.1　多级别词嵌入层

使用不同级别的单词嵌入作为模型的输入,包括通过 Word2Vec 获得的单词级词嵌入、由 FastText 获得的字符 N-gram 词嵌入、由 Morph2Vec 获得的形态级词嵌入、字符级词嵌入和正字法字符级词嵌入。使用这些模型的目标是捕获缺陷报告中单词的字形、形态以及上下文信息。

在本章中,将会使用 $S=(w_1, w_2, \cdots, w_N)$ 表示由 N 个词元(即单词或其他符号)组成的每个句子,其中第 i 个词元用 w_i 表示。

Word2Vec 是一种先进的词表示方法之一,它在捕获词的语法和语义特征方面表现出了优越的性能。该方法的目的是利用单词的上下文信息来估计单词嵌入 $E_{w_i}^{(w)}$,但它不使用任何词信息,所有的单词都被认为是不同的词元。考虑到 Skip-gram 模型对稀有词有较好的影响,并且适合缺陷数据,因此本节使用 Skip-gram 模型来构造词向量,图 2-3 是 Skip-gram 模型架构。我们在一个包含 94 000 个缺陷报告(包含语料库中的缺陷报告)的大型缺陷数据集上训练单词嵌入,参数设置如下:词向量维度大小为 100,上下文窗口大小为 5,总迭代次数为 40。

FastText 是 Word2Vec 的扩展,它在捕捉软件缺陷领域中专业且罕见的词汇表示方面相对更好。FastText 的目的是利用单词的子词信息,每个单词 w_i 用一串字符 N-gram 来表示。

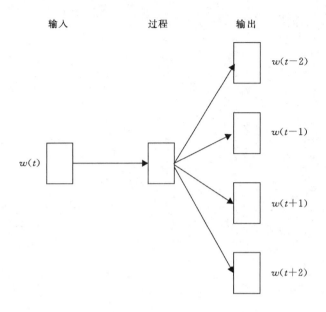

图 2 - 3 Skip-gram 模型架构

在单词的开头和末尾添加了特殊的边界符号<和>,从而允许从其他字符中区分前缀和后缀。其次,将单词 w_i 本身包含在它的 N-grams 集合中,以学习每个单词的表示(除了字符 N-grams 之外)。以 w_i = where 和 n = 3 为例,w_i 将用字符 N-grams 表示:<wh,whe,her,ere,re>,还包括单词本身的序列:<where>。

假设词典是一个大小为 G 的 N-grams,给定一个单词 w,用 $\zeta_w \subset \{1, \cdots, G\}$ 表示出现在 $\boldsymbol{w}$ 中的 N-grams 集合。将每一个 N-gram 用向量表示为 $\boldsymbol{z}_g$,用 N-grams 的向量表示的和来表示一个词。因此,得到了评分函数的计算公式:

$$s(\boldsymbol{w}, \boldsymbol{c}) = \sum_{g \in S_w} \boldsymbol{z}_g^{\mathrm{T}} \boldsymbol{v}_c \qquad (2-4)$$

该模型允许跨单词共享表示,从而允许学习罕见单词的可靠表示。总而言之,FastText 能够从字符 N-gram 的向量中形成单词的向量表示。因此,即使是词汇量外的单词,也可以使用 N-gram 来生成单词嵌入 $E_{w_i}^{(c_{\text{ngram}})}$。

Morph2Vec 是另一种利用子词信息来学习词嵌入的学习模型。该算法采用了一个由无监督形态分割系统提出的训练数据中所有单词的候选形态分割的列表。假设每个单词都有多个候选的形态分割序列,最终的单词表示 $E_{w_i}^{(m)}$ 是该单词的所有分割的语素级单词嵌入的加权和。在模型之上使用了一种注意机制学习权重,其中该机制将更多的权重分配给单词的正确分割。在本节提出的模型中,合并了从预先训练过的 Morph2Vec 嵌入中获得的语素级单词嵌入。

本节使用了一个类似于 Aguilar 等人提出的正字法字符编码器。将字母字符编码为"c"(如果字符大写,则为"C"),数字字符编码为"n",标点指定为"p",其他字符为"x"。例如,单词

"navigator. cookieEnabled"将会被编码为"ccccccccpccccccCcccccc"。每个正字法编码也用数据集中最长的单词填充 0,以便所有单词都有固定的正字法嵌入长度。这能够减少稀疏性,并捕捉到单词中的形状和正字法模式。使用一个 BiLSTM 来训练正字法字符级嵌入,它仅仅是两个不同的 LSTM(即前向和后向的 LSTM)的组合,其中的一个输入序列的顺序是向前的,另一个序列的顺序是相反的。将前后向 LSTM 的输出连接起来,得到最终的正字法字符级词嵌入 $E_{w_i}^{(c_{\text{BiLSTM}})}$。使用 BiLSTM 模型的字符级词嵌入如图 2-4 所示。图中句子"on Windows 95"首先用正字法编码,如"cc Cccccccc nn",然后将正字法字符的嵌入输入 BiLSTM 中,得到正字法字符级的词嵌入。通过识别词元中字符的大小写、数字和标点,进一步检查词元的结尾是否有括号,词元是否同时包含数字和点,中间是否有大写字母。如果一个词元有一个点,如许多 URL 都具有该特性,一旦使用正则表达式检测到一个 URL,就将其规范化为"@u@"。

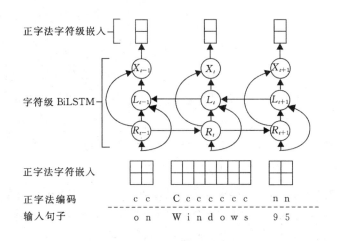

图 2-4 使用 BiLSTM 模型的字符级词嵌入

除了正字法词嵌入,本节还使用实际字符而不是字符类型来学习字符级词嵌入。例如,单词"Phoenix"一词将首先根据"P""h""o""e""n""i"和"x"的字符嵌入进行编码。与正字法词嵌入类似,使用另一个 BiLSTM 来学习字符级的词嵌入。为此,BiLSTM 由单词的字符嵌入提供。通过连接前后两个方向的 LSTM 输出的向量,最终得到了字符级的单词嵌入,其表示为 $E_{w_i}^{(c)}$。

到目前为止,由 Word2Vec、FastText、Morph2Vec、正字法字符级词嵌入和字符级词嵌入可以得出模型的最终词嵌入:

$$E_i = \mathbf{cancat}(E_{w_i}^{(w)}, E_{w_i}^{(c_{\text{ngram}})}, E_{w_i}^{(m)}, E_{w_i}^{(c_{\text{BiLSTM}})}, E_{w_i}^{(c)}) \tag{2-5}$$

在连接了不同级别的词嵌入后,在最终的单词嵌入 E_i 上应用丢弃率。这就阻止了模型仅仅依赖于一种类型的词嵌入,因此,为确保更好的泛化能力,训练过程中设置丢弃率 $r=0.5$。

2.4.2 BiLSTM 与 Attention 层

模型的第二层是 BiLSTM 与 Attention 层,即特征编码层。LSTM 是 RNN 的一种变体,可以有效地解决 RNN 模型引起的梯度爆炸和梯度损失的问题。但是 LSTM 只使用文本序列中的过去信息来预测当前的结果。然而，对于命名实体识别任务，过去和未来的信息对预测都是有用的。所以出现了 BiLSTM，它由前向 LSTM 和后向 LSTM 组成，然后将 LSTM 的两个隐藏向量连接为上下文向量 $X_t = [\vec{R}_t, \overleftarrow{L}_t]$。因此，可以有效地获得双向上下文信息，更多地挖掘隐藏的特征。经过第一层获得的不同级别词嵌入的向量值被传递到 BiLSTM 单元，那么 LSTM 函数可由式（2-6）表示，细胞状态更新公式由式（2-7）表示，BiLSTM 层的输出 X_t 可由式（2-8）计算得出。

$$\begin{bmatrix} \widetilde{c}_t \\ f_t \\ o_t \\ i_t \end{bmatrix} = \begin{bmatrix} \sigma \\ \sigma \\ \sigma \\ \sigma \end{bmatrix} \left(W^T \begin{bmatrix} E_t \\ X_{t-1} \end{bmatrix} + b \right) \tag{2-6}$$

$$c_t = f_t c_{t-1} + i_t \widetilde{c}_t \tag{2-7}$$

$$X_t = o_t \times \tanh(c_t) \tag{2-8}$$

式中，σ 表示逻辑函数 sigmoid；W 和 b 为仿射变换的参数。式（2-6）、式（2-7）和式（2-8）中 f_t、o_t、i_t 分别表示遗忘门、输出门和输入门。式（2-8）中 tanh 表示双曲正切函数。

至此，通过 BiLSTM 获得了上下文语义依赖特征。模型的第一层通过多级别词嵌入融合了字符和单词特征，为了捕获句子中字符之间的依赖特征，以及句子内部结构信息，加入了自注意力机制。作为注意力机制的一种变体，自注意力机制更擅长捕捉特征的内部相关性，减少模型对外部特征的依赖。在许多领域都取得较好效果的 Transformer 正是第一个纯用 Attention 搭建的模型，Transformer 利用自注意力机制学习文本中的关联信息。自注意力机制包括点乘注意力和多头注意力两个部分。点乘注意力包括查询矩阵（Q，query）、键矩阵（K，Key）和值矩阵（V，Value），在网络训练过程中矩阵的权值自动更新。其计算公式如式（2-9）所示。

$$\text{Attention}(Q, K, V) = \text{softmax}\left(\frac{QK^T}{\sqrt{d_k}}\right)V \tag{2-9}$$

式中，d 表示键矩阵 K 的维度；softmax 函数对结果进行归一化处理。如图 2-5 所示，点乘注意力的输入为查询矩阵 Q、键矩阵 K 和值矩阵 V。运算过程是"查询矩阵 Q、键矩阵 K 进行点乘运算；然后用 softmax 函数对结果进行归一化；最后乘以 V 得到输出"。

注意力机制的目的是学习句子中不同词之间的相互关系，通过权重表达出每个词与句子中所有词之间的远近关系。利用词之间的相关关系及权重大小就可以形成新的词向量的特征表达。具体来说，根据权重大小调整每个词的重要程度，这样的特征表达不仅反映了词本身，还反映了该词与其他词的关系。因此，注意力机制与单纯的词向量相比是更加全局的表达。从图 2-5 中可知，多头注意力是由 h 个并行执行的点乘注意力层组成的。通过 h 个不同的线性变换对 Q、K、V 投影，再并行执行 h 个点乘注意力，从而产生 d_v 维的输出值，最后将这些输出拼接、投影，产生最终输出。多头注意力的计算公式如式（2-10）所示，第 i 个注意力头捕获到的特征向量 **head**$_i$ 的计算公式如式（2-11）所示。

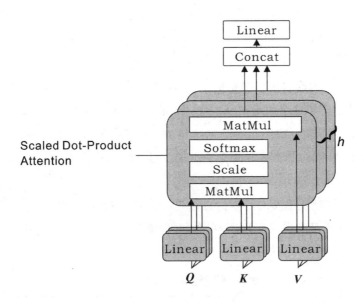

图 2-5　多头注意力机制

$$\text{MultiHead}(\boldsymbol{Q},\boldsymbol{K},\boldsymbol{V}) = \text{Concat}(\textbf{head}_1,\textbf{head}_2,\cdots,\textbf{head}_h)\boldsymbol{W} \qquad (2-10)$$

$$\textbf{head}_i = \text{Attention}(\boldsymbol{Q}_i,\boldsymbol{K}_i,\boldsymbol{V}_i), i=1,2,\cdots,h \qquad (2-11)$$

式中，$\boldsymbol{W}$ 表示权重矩阵；Concat(·)的作用是将提取特征向量进行拼接。多头注意力的特点是结合了不同子空间学习到的特征，使得每个词都要考虑到与它相关的词。

2.4.3　CRF 层

考虑到连续标签之间的依赖关系，这里使用 CRF 层来进行顺序标记。CRF 层的输入是自注意层的输出，可由式(2-12)表示。

$$\boldsymbol{h}^{\text{attn}} = \left[\boldsymbol{h}_1^{\text{attn}},\boldsymbol{h}_2^{\text{attn}},\cdots,\boldsymbol{h}_N^{\text{attn}}\right] \qquad (2-12)$$

给定标签序列 $\boldsymbol{Y}=\{y_1,y_2,\cdots,y_N\}$，得到标签序列 $\boldsymbol{Y}$ 与输入 $\boldsymbol{h}^{\text{attn}}$ 的联合条件概率，其计算公式如式(2-13)所示。

$$P(\boldsymbol{Y}\mid\boldsymbol{h}^{\text{attn}};\theta) = \frac{\prod_{i=1}^{N}\varphi(\boldsymbol{h}_i^{\text{attn}},y_i,y_{i-1})}{\sum_{y'\in Y(s)}\prod_{i=1}^{N}\varphi(\boldsymbol{h}_i^{\text{attn}},y'_{i},y'_{i-1})} \qquad (2-13)$$

式中，$Y(s)$ 为句子 s 的所有可能标签序列的集合；$\varphi(\boldsymbol{h}_i^{\text{attn}},y_i,y_{i-1})$ 为分数函数，计算方法如式(2-14)所示。

$$\varphi(\boldsymbol{h}_i^{\text{attn}},y_i,y_{i-1}) = \exp(y_i^T w h_i^{attn} + y_{i-1}^T T_{y_i}) \qquad (2-14)$$

式中，w 和 T 表示 CRF 层中的参数。在解码时，使用 Viterbi 算法找到得分最高的标签序列。在训练模型时，使用负对数似然函数作为损失函数。给定训练例子 $\{\boldsymbol{X}_i,\boldsymbol{Y}_i\}_{i=1}^{K}$，损失函数 L 可由式(2-15)表示。

$$L = - \sum \lg \boldsymbol{p}(\boldsymbol{X}_i \mid \boldsymbol{Y}_i) \qquad (2-15)$$

2.4.4 方法参数介绍

基于多级别特征融合的命名实体识别模型 MNER 使用了多级词嵌入,下面介绍相关参数设置。基于 BiLSTM 的正字法字符嵌入 $E_{w_i}^{(c_{\text{BiLSTM}})}$ 的维度为 30。基于 BiLSTM 的字符级单词表示 $E_{w_i}^{(c)}$ 的维度为 60。为学习维度为 200 的字符 N-gram 级词嵌入 $E_{w_i}^{(c_{\text{N-gram}})}$,训练 FastText 时,将所有训练样本以 0.025 的学习率训练了 4 次。形态级词嵌入 $E_{w_i}^{(m)}$ 的维度为 50,单词级词嵌入 $E_{w_i}^{(w)}$ 的维度为 100。

在实验中,MNER 模型使用反向传播的方法进行训练,并使用随机梯度下降算法对参数进行优化。训练了两者模型的迭代次数为 40 次,并设置学习率为 0.005。模型具体参数设置如表 2-3 所示。

表 2-3 模型参数设置

参数	值	单位
学习率	0.01	—
lr 优化器	SGD	—
Dropout	0.5	—
滑动窗口大小	5	—
迭代次数	40	轮次
Batch size	10	批
$E_{w_i}^{(c_{\text{BiLSTM}})}$	30	维度
$E_{w_i}^{(c)}$	60	维度
$E_{w_i}^{(c_{\text{N-gram}})}$	200	维度
$E_{w_i}^{(m)}$	50	维度
$E_{w_i}^{(w)}$	100	维度

2.4.5 实验设计

为了评估 RNER 模型和 MNER 模型在软件缺陷领域命名实体识别的有效性,以及更全面地分析模型的优劣势,设计了以下几个研究问题。

研究问题 1(RQ1):RNER 模型中不同上下文特征对识别软件缺陷命名实体有什么影响?

RNER 要识别命名实体识别任务,需要提取特征以识别软件缺陷命名实体。RNER 与传统随机森林相比,最主要的区别是加入了上下文的特征,因此可以评估不同的上下文特征对 RNER 识别软件缺陷命名实体的影响。

研究问题 2(RQ2):不同级别特征对 MNER 模型识别软件缺陷命名实体的性能有什么影

响？

MNER 模型使用不同的词嵌入方法融合了多级别特征，为了验证多级别特征在 MNER 模型中的有效性，以不同级别特征为实验变量进行对比实验。

研究问题 3（RQ3）：四个语料库上不同类别实体在 RNER 模型和 MNER 模型中的性能如何？

根据数据集的分析可知，同一数据集中不同实体类别占比存在较大的差异，即实体类别不平衡。通过分析四个语料库上不同类别实体在 RNER 模型和 MNER 模型上的性能，验证 RNER 模型和 MNER 模型在该情况下的性能。

研究问题 4（RQ4）：RNER 模型、MNER 模型与基线模型 CRF 模型、BiLSTM-CRF 模型相比，性能如何？

文中选取的基线模型是 CRF 模型和 BiLSTM-CRF 模型，通过四个模型的比较，验证 RNER 模型和 MNER 模型的性能指标。

针对以上四个问题，提出以下有针对性的实验思路。

RQ1 和 RQ2 分别针对 RNER 模型和 MNER 模型进行设计，目的是验证模型中的关键技术对模型的有效性。针对 RQ1，RNER 通过每次去除一个上下文特征进行实验，对比结果。针对 RQ2，MNER 使用了五种不同的词嵌入方法，首先验证单个词嵌入方法对 MNER 模型的影响，如果单个词嵌入方法中有对 MNER 模型识别效果产生积极影响的方法，在该方法的基础上验证两个词嵌入方法组合的实验效果。最后验证融合所有词嵌入方法的 MNER 模型性能。

RQ3 和 RQ4 是模型之间的性能比较。针对 RQ3，首先分析四个语料库上不同类别实体在 RNER 模型和 MNER 模型上的 $F1$ 值结果，然后对四个语料库中不同类别实体数量的占比情况进行分析，得出结论。针对 RQ4，RNER 模型和 MNER 模型与基线模型在同一数据集上进行比较，分析 $F1$ 值结果。

2.4.6　实验结果及分析

研究问题 1（RQ1）：RNER 模型中不同上下文特征对识别软件缺陷命名实体有什么影响？

表 2-4 显示了 RNER 使用不同的上下文特征在 Mozilla、Spark、Eclipse、Hadoop 数据集上进行软件缺陷领域命名实体识别的性能指标，在其他特征不变的情况下，仅仅对上下文特征进行变动，探究使用不同的上下文特征对识别软件缺陷领域命名实体识别的影响。其上下文特征一栏中符号 L 表示上文，R 表示下文，P 表示词性，W 表示词，LW 表示上文词特征，w/o LW 表示去掉上文词特征。从整体数据上分析可得，上下文特征中词特征对结果的影响比词性特征更大。

表 2-4 RNER 不同上下文特征的性能指标

上下文特征	Mozilla			Spark		
	P/%	R/%	F1/%	P/%	R/%	F1/%
$L+R+P+W$	83.77	85.53	84.94	89.25	88.50	88.58
w/o LP	83.07	83.34	82.86	88.49	87.25	87.81
w/o LW	80.25	80.03	80.10	85.89	84.52	85.08
w/o RP	82.74	83.58	83.15	87.99	85.40	86.32
w/o RW	83.38	81.89	82.31	86.31	83.94	85.00
上下文特征	Eclipse			Hadoop		
	P/%	R/%	F1/%	P/%	R/%	F1/%
$L+R+P+W$	82.27	82.04	82.36	87.32	84.73	85.93
w/o LP	81.51	79.65	80.61	85.54	81.58	82.96
w/o LW	80.88	79.16	79.99	85.28	82.67	83.99
w/o RP	80.52	79.87	79.84	85.33	80.33	82.68
w/o RW	79.44	77.31	78.10	84.50	81.21	82.47

研究问题 2(RQ2)：不同级别特征对 MNER 模型识别软件缺陷命名实体的性能有什么影响？

表 2-5 分别展示了 MNER 模型在 Mozilla、Spark、Eclipse、Hadoop 数据集上不同级别特征的实验结果，其中 w2v 表示基于单词的词嵌入方法 Word2Vec，ft 表示字符 N-gram 级词嵌入方法 FastText，m2v 表示语素级的词嵌入 Morph2Vec，char 表示用 BiLSTM 训练的字符嵌入，ortho 表示正字法字符级嵌入。

表 2-5 MNER 模型中不同级别特征的性能指标

嵌入方法	Mozilla			Spark		
	P/%	R/%	F1/%	P/%	R/%	F1/%
w2v	87.57	82.13	84.76	89.19	88.75	88.97
ft	89.04	70.42	78.64	89.05	81.57	85.15
char	85.29	76.06	80.41	88.46	84.72	86.55
m2v	83.85	70.94	76.86	86.20	83.56	84.86
w2v, ft	88.73	82.58	85.54	89.21	86.42	87.79
w2v, char	86.54	83.25	84.86	91.28	87.11	89.15
w2v, m2v	87.63	82.44	87.23	88.97	89.27	89.12
w2v, ortho	89.26	85.29	84.96	90.18	89.31	89.74
w2v,ft,char,m2v,ortho	90.25	87.46	88.83	91.34	89.10	90.21

续表

嵌入方法	Eclipse			Hadoop		
	$P/\%$	$R/\%$	$F1/\%$	$P/\%$	$R/\%$	$F1/\%$
w2v	88.09	84.73	86.38	88.49	85.04	86.73
ft	87.78	84.48	86.10	83.28	81.58	82.42
char	85.82	83.56	84.67	80.64	78.91	79.77
m2v	85.38	82.35	83.84	81.53	79.70	80.60
w2v, ft	89.80	86.66	88.20	83.08	80.82	81.93
w2v, char	89.29	86.53	87.89	87.34	83.58	85.42
w2v, m2v	90.78	89.16	89.96	88.28	86.77	87.52
w2v, ortho	90.09	89.00	89.54	89.00	90.12	89.56
w2v,ft,char,m2v,ortho	92.45	90.91	91.67	90.71	92.25	91.47

在单个词嵌入方法对比中,基于单词的词嵌入方法 Word2Vec 的表现是最好的,$F1$ 值最高达到了 88.97%,四个数据集上的平均值为 86.71%,表明单词嵌入的效果远远比其他字符嵌入的效果好。在 Word2Vec 的基础之上,分别加入 FastText 嵌入、字符嵌入、Morph2Vec 嵌入和正字法字符级嵌入,结果表明 Word2Vec 结合正字法字符级嵌入时性能提升效果最佳,四个数据集上的平均查准率达到 89.63%,平均查全率达到 88.43%,平均 $F1$ 值达到 89.02%;其他嵌入对识别效果均有一定的提升。实验验证了融合所有词嵌入方法的 MNER 模型有最高的平均查准率,为 91.19%,平均查全率为 89.93%,平均 $F1$ 值为 90.55%。

研究问题 3(RQ3):四个语料库上不同类别实体在 RNER 模型和 MNER 模型中的性能如何?

图 2-6 展示了每个实体类别在 RNER 模型上的 $F1$ 值结果。从实体类别上看,RNER 模型在不同实体类别中的性能有很大不同。例如,安全类别的 RNER 在 Mozilla 中表现最差,在其他三个项目中表现较好。相比之下,API 类别的 RNER 在 Mozilla 中的性能最好,在其他项目中较差。从数据集上看,根据图 2-6 展示的四个语料库中每个实体类别的占比情况,Mozilla 项目中 API 类别与安全类别分别是占比最高和最低的实体类别。因此,类别分布的不平衡可能是造成结果差异性大的原因。

图 2-7 展示了每个实体类别在 MNER 模型上的 $F1$ 值结果。从实体类别上看,MNER 模型在不同实体类别中的性能较为平均,没有较大的差异;从数据集上看,不同实体类别的 $F1$ 值没有受到四个数据集中类别分布不平衡的影响,其结果在预计范围内。综合 RNER 模型和 MNER 模型的结果分析,造成 RNER 模型受类别分布不平衡影响的原因是 RNER 模型没有经过大量无标记数据的训练,仅使用单个数据集中的训练集进行训练。MNER 模型之所以没有受到类别分布不平衡的影响,是由于 MNER 模型在词嵌入训练过程中使用了大量无标记数据集进行训练,该数据集来自 Mozilla、Spark、Eclipse、Hadoop 四个项目。

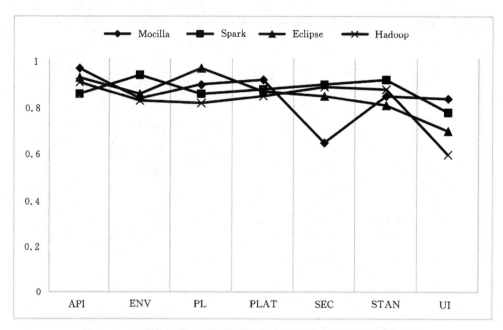

图 2-6　四个数据集上不同类别实体在 RNER 模型上的 F1 值结果

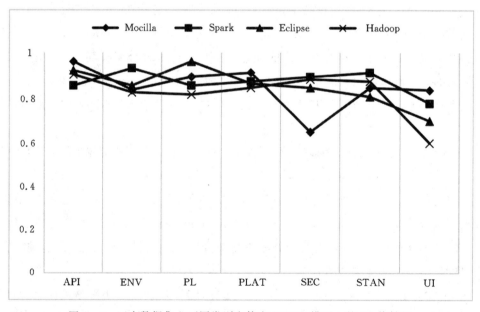

图 2-7　四个数据集上不同类别实体在 MNER 模型上的 F1 值结果

RQ4：RNER 模型、MNER 模型与基线模型 CRF 模型、BiLSTM-CRF 模型相比,性能如何?

RNER 模型、MNER 模型与基线模型 CRF 模型、BiLSTM-CRF 模型四个数据集上的 F1 值结果如图 2-8 所示。在所有模型的结果中,MNER 模型的 F1 值是最高的,并且在四个数据集中的结果是稳定的。RNER 模型在 Spark 数据集中的 $F1$ 值较高,但 RNER 模型在四个数据集中的结果是不稳定的。RNER 模型的优势是不需要大量无标记数据训练,训练时间短,在 Spark 数据集上的性能甚至超过了 BiLSTM-CRF 模型,在 Mozilla 和 Hadoop 数据集上与 BiLSTM-CRF 模型相持平。针对类别不平衡的问题提出解决方案将可能提升 RNER 模型的性能。

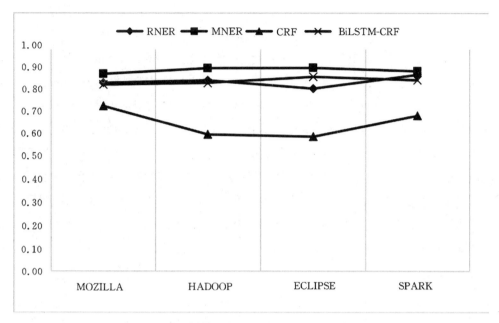

图 2-8　不同模型在四个数据集上的 $F1$ 值结果

2.5　基于 BERT-BiLSTM-CRF 模型的软件缺陷命名实体识别方法

目前,命名实体识别技术在金融、医疗等领域已经取得了一定的进展。但基于软件缺陷报告为研究对象的软件缺陷领域的命名实体识别工作尚没有公开的数据集和匹配的模型。本章基于 IEEE 等软件缺陷分类的标准提出了软件缺陷命名实体的分类标准。对 BiLSTM-CRF 模型,提出了基于 BERT-BiLSTM-CRF 模型的软件缺陷命名实体识别方法。

2.5.1　BERT 模型

1. BERT 介绍

BERT(bidirectional encoder representations from transformers)是一种新的语言表征模型(language representation model,LRM),由双向 Transformer 编码器表示。语言表征模型技术的发展从离散的 One-hot 编码表示模型到基于矩阵的分布式表示模型 LSA、Glove 等,再到基于聚类的分布式表示,通过聚类手段构建词与其上下文之间的关系,代表模型有:布朗聚类模型等。目前,语言表征模型的主流是基于神经网络的分布式表示模型,代表模型有:NNLM、Word2Vec、ELMo、GPT 等神经网络模型。

预训练语言表示既可以是上下文无关的也可以是上下文相关的,上下文的表示可以是单向的也可以是双向的。Word2Vec、GloVe 等使用唯一词向量进行表示的模型,通过统计词汇表中出现的所有词,为每个词生成词嵌入表示。因此,"Apple phone""Apple pie"中的"Apple"具有相同的表示,不能表示词的多义性。相反,上下文相关的模型考虑上下文信息基于句子的其他的单词生成每个词的表示,此时"Apple"具有不同的表示。神经网络模型相较于其他传统的语言表征模型能够更好地表示词的特征,考虑上下文的语义信息。Word2Vec 是轻量级的神经网络,其模型仅仅包括输入层、隐藏层和输出层,模型框架根据输入输出的不同,可以分为 CBOW 和 Skip-gram 模型。ELMo 是使用 Bi-LSTM 进行特征提取的浅双向的语言模型,单词表示组合了深度预训练神经网络的所有层,每个单词的表示取决于使用它的整个上下文,但 LSTM 相较于 Transformer 特征提取能力要弱一些。GPT 同 BERT 一样都是采用 Transformer 作为特征提取器的,但 GPT 采用的是单向的模型,丢失了大量下文信息。上述模型在预训练语言表示的任务中或多或少都有不足之处,BERT 模型解决了这些不足之处。BERT 与其他类型语言表征模型的不同之处是"它旨在通过联合调节所有层中的上下文来预先训练深度双向表示,它是第一个无监督的深度双向语言表征模型"。

2. BERT 结构与原理

BERT 的主要结构是基于双向 Transformer 特征提取器联合调节所有层中的上下文来预先训练深度双向表示。BERT 预训练语言模型结构如图 2-9 所示,以 Transformer 为文本特征提取器,Trm 表示 Transformer 编码器,E_N 表示输入的词向量,T_N 表示经过 BERT 编码后的词向量。BERT 预训练语言模型可以捕获词的上下文信息,适合词和句子级别的自然语言

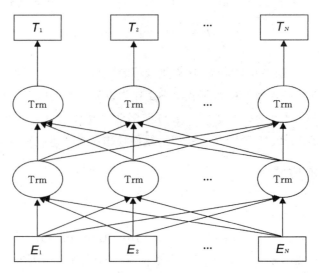

图 2-9　BERT 模型结构

处理(natural language processing,NLP)任务。

　　Transformer 的基本结构是编码器和解码器。编码器主要由多头自注意力机制(multi-head attention)和全连接的前馈神经网络(feed forward neural network)组成,解决了顺序计算过程中信息丢失的问题。BERT 预训练模型的基础结构只使用了 Transformer 的编码器结构,Transformer 的编码器结构如图 2 - 10 所示。

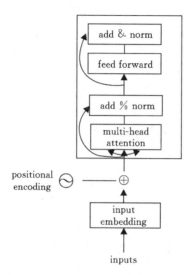

图 2 - 10　Transformer 的编码器结构

　　一个 Transformer 的编码器的编码过程首先输入经过 Embedding 后添加单词的位置信息,多头自注意力机制的输出经过残差连接防止网络退化(add)和归一化处理(normalization)之后输入到全连接的前馈神经网络,前馈神经网络的输出再经过残差连接和归一化处理后输入到下一个编码器。其中,多头自注意力机制是编码器的核心部分。

　　Attention 机制的计算过程如图 2 - 11 所示。每次计算涉及 3 个权重矩阵 W^Q、W^K、W^V,分别对输入 X 进行线性变换,生成新的 Query、Key 和 Value 特征矩阵,计算步骤如下。

　　(1)输入 X 分别与权重矩阵 W^Q、W^K、W^V 相乘,得到 Q、K、V。

　　(2)Q、K^T 矩阵相乘,计算出 X 中每个词之间的相关度,为了防止结果过大,除以其维度的均方根。

　　(3)将步骤(2)的计算结果通过 Softmax 函数进行归一化处理,得到归一化后每个词之间的相关度。

　　(4)将步骤(3)得到的词间相关度矩阵与 V 相乘,得到新的向量编码。计算公式如式(2 - 16)。

$$\text{Attention}(\boldsymbol{Q},\boldsymbol{K},\boldsymbol{V}) = \text{Softmax}(\frac{\boldsymbol{Q}\boldsymbol{K}^{\text{T}}}{\sqrt{d_k}})\boldsymbol{V} \tag{2 - 16}$$

多头自注意力机制原理如图 2 - 12 所示。

　　(1)首先经过参数矩阵将 Q、K、V 进行全连接层的映射转化。

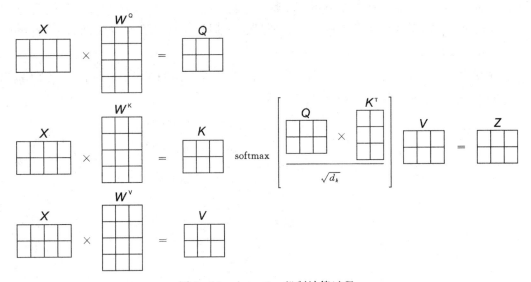

图 2-11 Attention 机制计算过程

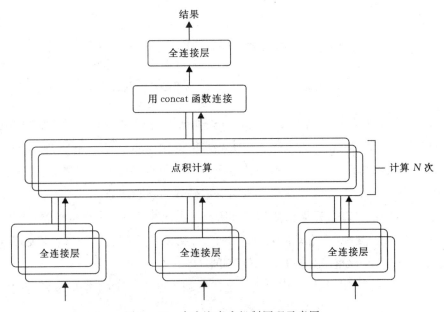

图 2-12 多头注意力机制原理示意图

(2)对步骤(1)中输出的结果进行点积运算。计算公式如式(2-17)所示。

$$\mathbf{head}_i = \mathrm{Attention}(\boldsymbol{Q}\boldsymbol{W}_i^Q, \boldsymbol{K}\boldsymbol{W}_i^K, \boldsymbol{V}\boldsymbol{W}_i^V) \qquad (2-17)$$

Attention 是自注意力计算过程。

(3)对步骤(1)、(2)重复 N 次,并且每次进行步骤(1)操作时,都将使用新的参数矩阵。

(4)用 concat 函数将计算 N 次的局部注意力特征运算结果进行拼接,再经过全连接层将其转化为整体的特征,从而达到拟合的效果。计算式如下。

$$\mathrm{MultiHead}(\boldsymbol{Q}, \boldsymbol{K}, \boldsymbol{V}) = \mathrm{Concat}(\mathbf{head}_1, \mathbf{head}_2, \cdots, \mathbf{head}_N)\boldsymbol{W}^o \qquad (2-18)$$

2.5.2　BiLSTM 模型

1. BiLSTM 介绍

双向长短期记忆网络(bi-directional long short-term memory,BiLSTM)是由两个单独的长短期记忆网络(long short-term memory,LSTM)组合而成的,LSTM 是循环神经网络(recurrent neural network,RNN)的一种,可以解决 RNN 不能有效处理长距离序列数据的问题。正向的 LSTM 可以捕获记忆上文的信息,反向的 LSTM 可以捕获记忆下文的信息,因此,BiLSTM 可以更好地捕获较长距离的依赖关系,捕捉双向的语义依赖,可以学到记忆哪些上下文信息和遗忘哪些上下文信息,在处理较长距离的输入序列时有较好的效果。

2. BiLSTM 结构与原理

BiLSTM 由双向 LSTM 组合而成,LSTM 的网络结构如图 2-13 所示。LSTM 的网络结构相较于传统的 RNN 引入了遗忘控制门、输入控制门、输出控制门的概念。遗忘控制门 f 的作用是确定上一隐藏层状态的信息哪些是重要的,也是 LSTM 工作的第一步,决定了我们从上一状态中丢弃哪些信息,通过读取 h_{t-1}($t-1$ 时刻网络的输出向量)、x_t(t 时刻网络的输入向量)经过 Sigmoid 函数得出 f_t 对应于 C_{t-1} 的数值(0~1),0 表示对向量中的数值完全遗忘,1 表示完全记忆。计算公式如式(2-19)所示,σ 为 Sigmoid 激活函数,W_f 代表遗忘门中连接输入数据和连接上一个隐藏层的权重矩阵,b_f 为偏置向量。

$$f_t = \sigma(W_f \cdot [h_{t-1}, x_t] + b_f) \tag{2-19}$$

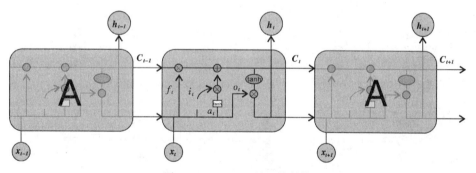

图 2-13　LSTM 的网络结构

输入控制门 i 用来确定当前状态的哪些信息是重要的,并将其保留在当前状态中,输入控制门的工作分为两个部分,首先 h_{t-1}、x_t 经过 Sigmoid 函数得到 i_t 来确定哪些信息是重要的,再通过 tanh 函数得到 $\tilde{C}_t$(本次学到的所有的知识),i_t 对目前所学习到的信息 $\tilde{C}_t$ 进行过滤,对新的知识进行记忆更新,i_t 计算公式如式(2-20)所示,σ 为 Sigmoid 激活函数,W_f 代表遗忘门中连接输入数据和连接上一个隐藏层的权重矩阵,b_f 为偏置向量。$\tilde{C}_t$ 计算公式如式(2-21)所示,tanh 是激活函数,W_C 为权重矩阵,b_C 为偏置向量。

$$i_t = \sigma(W_i \cdot [h_{t-1}, x_t] + b_i) \tag{2-20}$$

$$\widetilde{C}_t = \tanh(\boldsymbol{W}_C \cdot [\boldsymbol{h}_{t-1}, \boldsymbol{x}_t] + \boldsymbol{b}_C) \tag{2-21}$$

然后将 Cell 记忆单元状态 C_{t-1} 更新为 C_t。C_t 的计算公式如式(2-22)所示,$f_t \cdot C_{t-1}$ 表示忘记的旧的值,$i_t \cdot \widetilde{C}_t$ 是添加的新的值,f_t 是旧的记忆信息的通过率,i_t 是本次信息的过滤器,$\widetilde{C}_t$ 是本次学习到的知识。

$$C_t = f_t \cdot C_{t-1} + i_t \cdot \widetilde{C}_t \tag{2-22}$$

输出控制门用来确定下一个隐藏层状态,基于 Cell 状态输出当前需要的值,工作过程首先将 $\boldsymbol{h}_{t-1}$、$\boldsymbol{x}_t$ 经过 Sigmoid 函数,然后再与经过 tanh 激活函数的 C_t 结果相乘,C_t 是更新之后学到的所有知识,需要通过 o_t 筛选当前问题所需的信息,输出结果为 $\boldsymbol{h}_t$。o_t 计算公式如式(2-23)所示,tanh 是激活函数,$\boldsymbol{W}_o$ 为权重矩阵,$\boldsymbol{b}_o$ 为偏置向量。$\boldsymbol{h}_t$ 计算公式如式(2-24)所示。

$$o_t = \sigma(\boldsymbol{W}_o \cdot [\boldsymbol{h}_{t-1}, \boldsymbol{x}_t] + \boldsymbol{b}_o) \tag{2-23}$$

$$\boldsymbol{h}_t = o_t \cdot \tanh(C_t) \tag{2-24}$$

BiLSTM 的网络结构如图 2-14 所示。前向的 LSTM 得到三个向量 $\{\boldsymbol{h}_{L0}, \boldsymbol{h}_{L1}, \boldsymbol{h}_{L2}\}$,后向的 LSTM 得到三个向量 $\{\boldsymbol{h}_{R0}, \boldsymbol{h}_{R1}, \boldsymbol{h}_{R2}\}$,最后将前向和后向的隐藏向量进行拼接得到 $\{\boldsymbol{h}_{L0}, \boldsymbol{h}_{R2}\}$,$\{\boldsymbol{h}_{L1}, \boldsymbol{h}_{R1}\}$,$\{\boldsymbol{h}_{L2}, \boldsymbol{h}_{R0}\}$,也就是 $\{\boldsymbol{h}_0, \boldsymbol{h}_1, \boldsymbol{h}_2\}$。

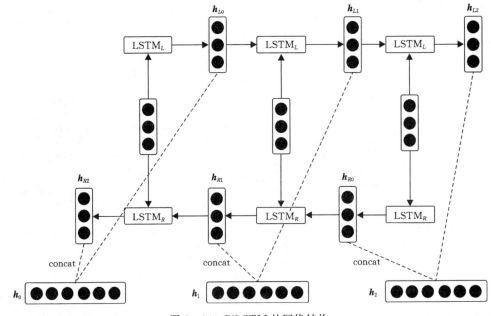

图 2-14 BiLSTM 的网络结构

2.5.3 CRF 模型

条件随机场(CRF)相较于隐马尔可夫模型(HMM)在分割标记序列数据的任务中拥有更好的表现,可以做出强独立性假设。

线性链条件随机场的定义如下,设 $X = (X_1, X_2, \cdots, X_n)$,$Y = (Y_1, Y_2, \cdots, Y_n)$ 都是线性随

机变量序列,若在给定随机变量序列 X 的条件下,随机序列变量 Y 的条件概率分布 $P(Y|X)$ 构成条件随机场,满足马尔可夫性 $P(Y_i|X,Y_1,Y_2,\cdots,Y_n)=P(Y_i|X,Y_i-1,Y_{i+1})$,则称 $P(Y|X)$ 为线性条件随机场。线性条件随机场(CRF)结构如图 2-15 所示。随机变量序列 Y 取值为 y 的条件概率公式,如式(2-25)所示,其中 t_k、s_l 为特征函数,λ_k、u_l 为权重。$Z(x)$ 是归一化因子,计算公式如式(2-26)所示。

$$P(y \mid x) = \frac{1}{Z(x)}\exp(\sum_{i,k}\lambda_k t_k(y_{i-1},y_i,x,i) + \sum_{i,l}u_l s_l(y_i,x,i)) \qquad (2-25)$$

$$Z(x) = \sum_y \exp(\sum_{i,k}\lambda_k t_k(y_{i-1},y_i,x,i) + \sum_{i,l}u_l s_l(y_i,x,i)) \qquad (2-26)$$

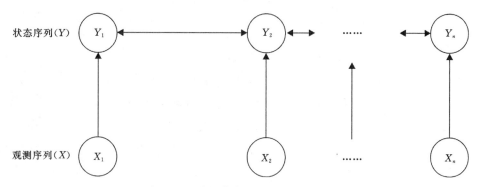

图 2-15　线性条件随机场(CRF)结构

t_k、s_l 是二值函数,函数值为 0 或者 1,即满足特征条件时函数值为 1,否则为 0,t_k 为转移特征,依赖当前位置和前一个位置,公式定义如式(2-27)所示。

$$t_k(y_{i-1},y_i,x,i) = \begin{cases} 1, & \text{条件} \\ 0, & \text{其他} \end{cases} \qquad (2-27)$$

s_l 是状态特征,依赖当前位置,公式定义如式(2-28)所示。

$$s_l(y_{i-1},y_i,x,i) = \begin{cases} 1, & \text{条件} \\ 0, & \text{其他} \end{cases} \qquad (2-28)$$

2.5.4　BBC-NER 软件缺陷命名实体识别方法

1. 数据集选取与预处理过程

首先,依据软件缺陷命名实体分类标准构建软件缺陷报告命名实体标注数据集,从缺陷跟踪系统中选取 Spark、Eclipse 缺陷存储库的缺陷报告作为本次软件缺陷命名实体数据集的构建源。为了确保缺陷数据的准确性,我们只收集了缺陷报告状态(Status)为 Closed:FIXED、WONTFIX、VERIFIED、DUPLICATE 的软件缺陷报告,因为这些缺陷报告不会再次被打开修改,且确定是对缺陷信息描述的缺陷报告,从而避免了无效的缺陷报告(Status:Closed IN-VALID)或可能被再次打开的额缺陷报告(Status:Closed RESOLVED)。此外,考虑到缺陷数据的多样性和在缺陷库中的分布情况,我们依据缺陷报告的组件(Component)分布,确保每类组件中都有缺陷报告数据被提取。对于这些缺陷报告只提取了其中的标题(Title)和描述(Description)部分,在这些文本中含有丰富的缺陷描述信息。我们选取了来自 Eclipse 项目的 2931 个缺陷报告和 Spark 数据集的 3976 个缺陷报告,Eclipse 和 Spark 项目的软件缺陷报告为两个单独的数据源。实体数据分布情况如表 2-6 所示。

表 2-6　Eclipse、Spark 软件缺陷命名实体数据分布

缺陷报告库	缺陷报告数量	选取缺陷报告数量	单词数量	实体数量
Eclipse	36k	2931	149 601	19 448
Spark	22k	3976	139 250	20 498
Total	58k	6907	288 851	39 946

在结束数据源收集工作之后,对数据源进行数据预处理,预处理的过程包括分词、词性标注、人工实体分类标注几个阶段。对于分词和词性标注阶段的工作使用 Python 的自然语言工具包 NLTK 实现,NLTK 在进行分词任务时会对一些缺陷实体造成破坏,例如:"Android4.0"属于 Plat 软件缺陷实体类别,应当在分词处理时作为一个整体,NLTK 分词操作的结果为"Android""4"".""0"4 个词,再如:"onDestory()"为一个函数整体,属于 API 软件缺陷实体类别,NLTK 分词过程中会将其拆分成"onDestory""(""")"3 个词。因此,对选取的缺陷报告中的软件缺陷实体特征进行分析,为了保存更加完整的实体特征信息,通过改写 NLTK 中的正则匹配规则(regexp_tokenize 函数),"Android4.0""onDestory()"等一些实体会被作为一个整体进行分词处理。

对于词性标注工作,为了符合分词工作的进程,对词性标注中的正则表达式(regexp_tagger 函数)进行了修改标记,对于 API 类实体的词性均划分为名词(NN),例如:"onDestory()"依据 NLTK 进行分词时会被标注为动词(VB),而其作为一个整体应该为名词(NN)。

在人工实体分类标注阶段,使用 Prodigy 作为数据集的实体标注工具。在标记过程中采用 IOB 格式标记实体,B 表示实体的开始、I 表示实体的内部、O 表示非定义的实体类别。在文中选定的语料库中,大约 85% 的单词被标记为非实体类别(O)。

人工标注软件缺陷命名实体过程中,由作者与另外一名实验室的研究生共同完成数据标注工作。每名标注者对两个项目的数据进行标注,如果有标注不一致的,会进行讨论达成共识。Cohen's Kappa 系数被广泛地用作评估两位评估者之间一致程度的信任评分,评估者对变量只有观测值上的影响,Cohen's Kappa 系数值代表了构建的数据语料集的正确识别软件缺陷命名实体的程度,其计算公式如式(2-29)所示。P_o 表示观测一致的总比例,计算公式如式(2-30)所示,为 7 种实体类别和非实体类别具有一致的观测标注结果除以实体类别与非实体类别的数量之和的值,P_e 表示虚假一致总比例,计算公式如式(2-31)所示。AY、BY 分别表示标注者标注为实体的数量结果与总数量的比例,$P_{(AY\&BY)}$ 为其 AY、BY 的概率乘积,表示其标记为实体的凑巧一致性,AY、BY 分别表示标注者标注为实体的数量结果与总数量的比例,$P_{(AY\&BY)}$ 为其 AY、BY 的概率乘积,表示其标记为非实体的凑巧一致性,P_e 为其凑巧一致概率之间的和。

$$\hat{k} = \frac{P_o - P_e}{1 - P_e}(0 \leqslant \hat{k} \leqslant 1) \tag{2-29}$$

$$P_o = \frac{观测一致数据量 M}{总数据量 N} \tag{2-30}$$

$$P_e = P_{(AY\&BY)} + P_{(AN\&BN)} \tag{2-31}$$

在标注完成的数据中 $P_o = 0.92, P_e = 0.42, \hat{k} = 0.84$。根据 Manning 等人对 Cohen's Kappa 系数的划分 $0.81 \leqslant \hat{k} \leqslant 1$,表示数据语料集标注的评分者之间几乎达到了一致。

表 2-7 展示了分别来自 Eclipse 和 Spark 的两个缺陷报告文本的实体类别标注情况(粗体单词表示被标注)。来自 Eclipse 项目的缺陷报告描述中,"Java"被标注为一个程序语言类别(B-PL),"ISharingManager::load"是一个函数,被标记为 API 类别(B-API)。

表 2-7　Eclipse 和 Spark 软件缺陷命名实体标注示例

缺陷报告库	编号	描述
Eclipse	ECLIPSE-67	VCM:Java(B-PL) doc for ISharingManager::load(B-API) is out of date
Spark	SPARK-698	Spark(B-Env) Standalone Mode is leaving a java(B-PL) process 'spark.executor.StandaloneExecutorBackend(B-API)'open on Windows(B-Plat)

选取 Eclipse 和 Spark 缺陷报告中软件缺陷领域命名实体各类别的比例分布,如图 2-16 所示。从图中可知对于不同的项目其核心实体是不同的,Eclipse 项目中的核心实体为 Env 和 UI,分别占实体总量的 39%、27%,Spark 项目中的核心实体为 Env 与 API,分别占实体总量的 38%、29%。从不同核心的实体分类占比上也可以反映出不同项目的功能特性。

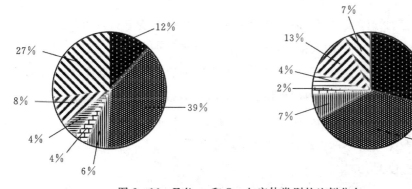

图 2-16　Eclipse 和 Spark 实体类别的比例分布

2. BERT-BiLSTM-CRF 模型构建

在本节中,我们将介绍构建 BERT-BiLSTM-CRF 模型(以下简称 BBC-NER)用于识别软件缺陷命名实体。BBC-NER 模型架构如图 2-17 所示,整体的模型结构可以分为三层:输入层,输入层为 Word2Vec 词向量嵌入和 BERT 向量,以及字符编码的拼接融合;编码层,编码层为 BiLSTM 网络通过获取上下文信息进行编码;输出层,输出层为 CRF 网络负责标记观测数据的最佳状态序列。

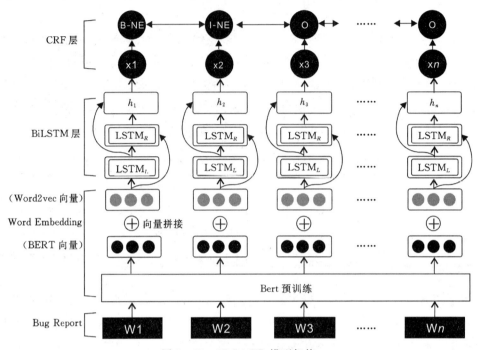

图 2-17   BBC-NER 模型架构

BBC-NER 模型在训练过程中能够从数据集中学习特征。但仅仅使用符号特征(单词和标点)不足以在特定的上下文中识别软件缺陷命名实体的类别。因此,针对软件缺陷命名实体识别设立了一组特征集合,特征集合如下。

(1)词嵌入特征。词嵌入对于大多数自然语言处理任务均有较好的性能提升。在软件缺陷命名实体领域中尚没有公开的数据集,本书通过人工标注的方式创建的数据语料库大小受限。然而,创建的数据语料库的数据源为缺陷跟踪系统中的软件缺陷报告,缺陷跟踪系统中含有大量的未标记的软件缺陷报告数据,使用它们可以更有效地进行预训练词嵌入。本节使用 Word2Vec 词向量训练模型 Skip-gram 进行训练,在一个由 58 000 个缺陷报告组成的数据上训练词嵌入(包含数据语料库选取的缺陷报告)。参数设置如下:词向量维度(size)为 300,窗口大小为 3,迭代次数为 100。

(2)正字法特征。正字法特征反映了当前词的一些属性情况,正字法特征主要考虑词的以下情况:单词大小写、是否包含数字、字符长度、是否为句子的开头结尾、前缀与后缀等基于单词特征的基本特征。

(3)词性特征。在预处理过程中获得了词性(POS)标签,在实体人工标注的过程中发现实体大多数都为名词词性,少数实体词性为形容词、动词。因此,词性信息也是实体分类特征重要的一类特征。

(4)BERT 词向量特征。BERT 词向量的获取通过 BERT 的遮蔽语言模型(masked language model,MLM)训练获取,MLM 会随机遮盖 15% 的词,用被遮住词的上下文来预测遮住的词。由于遮蔽的词数量较多,为了避免一些词信息在 fine-tuning 阶段从不出现,对遮住的词 80% 替换成[Mask],10% 的词进行任意词替换,10% 的词不变。预训练的输入由单词信息(token embeddings),文本句信息(segment embeddings),位置信息(position embeddings)拼接组成,如图 2-18 所示。

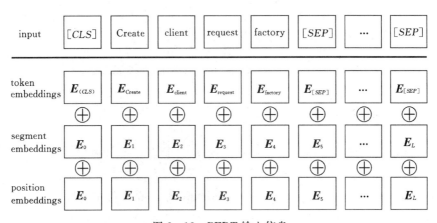

图 2-18　BERT 输入信息

Google 官方提供了两种预训练完成的 Bert 模型,分别为 Bert_base 和 Bert_large,每种模型又分为区分大小写(cased)和不区分大小写(uncased)两种情况,两种模型情况如表 2-8 所示。本文使用预训练完成的区分大小写的 Bert_base 模型。

表 2-8　Bert_base 和 Bert_large 模型情况

模型名称	隐藏层数	隐藏层大小	注意力头数	模型参数量
Bert_base	12	768	12	110M
Bert_large	24	1024	16	340M

3. 模型参数设计

由于标注的语料数据集相对较小,实验采用五折交叉验证的方式对结果进行评估,把数据集平均分成 5 等份,每次实验拿 1 份做测试集,其余用作训练集,实验 5 次求平均值作为模型最终的评价结果。

模型选择随机梯度下降(stochastic gradient descent,SGD),以学习率为 0.01 来优化模型参数。同时也应用了其他的优化器,如 Adadelta、Adam 等,SGD 在模型中有较好的表现。具体的参数设置如表 2-9 所示,为了防止过拟合提高模型的稳定性和鲁棒性,我们使用了 0.5

的丢弃率(dropout_rate)。考虑到两个语料库中句子长度的不同,我们将最大平均长度增加1.5倍,并将句子长度设置为25,单词长度设置为30,采用了截断法或零填充法得到相同的长度,以方便批量输入网络训练。

表 2 - 9　参数设置

参数	参数设置
迭代次数(epoch)	100
学习率(learning_rate)	0.01,0.001,0.0001
优化器(optimizer)	SGD,Adam
每次的训练样本数(batch_size)	32
词向量维度(embedding_dim)	300
丢弃率(dropout_rate)	0.5

2.5.5　实验结果分析

本节介绍了BBC-NER方法的实验研究结果,以评估其对软件缺陷领域命名实体识别的有效性。为了展示本文方法的有效性,BNER方法采用CRF模型和词嵌入技术实现,并扩充了软件缺陷的领域知识(从Stackoverflow、Wikipedia等获取软件工程领域的相关知识库)。在复现BNER方法时并未获得领域知识的特征集合。另外,也选取了对照实验BiLSTM-CRF模型(下文简称为BC-NER方法),BC-NER方法仅采用单词嵌入和字符嵌入作为基本特征。将BNER方法和BCNER方法作为对照实验来比较BBC-NER方法在软件缺陷命名实体识别上的性能,在标注的两个数据集Eclipse、Spark上进行验证。

表 2 - 10 分别显示了BBC-NER方法、BC-NER方法、BNER方法在Eclipse、Spark项目语料库上五折交叉验证的评价结果的平均值。通过BNER方法和其他两个方法进行比较,可以看出深度学习模型在软件缺陷命名实体识别任务上对性能提升的作用明显,BC-NER方法相较于BNER方法在Eclipse项目数据集上 $F1$ 值提升了 9.86%,BBC-NER方法相较于BNER方法在Eclipse项目数据集上 $F1$ 值提升了 12.77%,BC-NER方法相较于BNER方法在Spark项目数据集上 $F1$ 值提升了 9%,BBC-NER方法相较于BNER方法在Spark项目数据集上 $F1$ 值提升了 13.53%。BBC-NER方法相较于BC-NER方法在Eclipse项目数据集上 $F1$ 值提升了 2.91%,BBC-NER方法相较于BC-NER方法在Spark项目数据集上 $F1$ 值提升了4.53%。BBC-NER方法在两个标注数据集的表现优于BC-NER方法和BNER方法。此外,我们从表 2 - 10 中的数据可以注意到BBC-NER方法、BC-NER方法、B-NER方法在Spark数据集上的表现优于在Eclipse数据集上的表现,这可能与Eclipse数据集是标注者首先标注的数据集有关,另一方面,从数据文本的表现上看Eclipse数据相比较于Spark数据噪声也较大。

表 2 - 10　BNER 方法、BC-NER 方法、BBC-NER 方法实验结果

方法	Eclipse 数据集			Spark 数据集		
	$P/\%$	$R/\%$	$F1/\%$	$P/\%$	$R/\%$	$F1/\%$
BNER	74.83	71.26	72.15	79.59	72.35	75.59
BC-NER	83.49	80.66	82.01	86.88	82.83	84.59
BBC-NER	85.82	84.15	84.92	89.89	88.53	89.12

此外,图 2 - 19、图 2 - 20 展示了 BNER 方法、BC-NER 方法、BBC-NER 方法在 Spark、Eclipse 标注数据集上的软件缺陷命名实体类别的 $F1$ 值,以便可以更加详细地对比 BBC-NER 方法的优缺点。可以从图 2 - 19、图 2 - 20 中看出 BNER 方法、BC-NER 方法、BBC-NER 方法在不同的软件缺陷命名实体类别的识别性能上是不同的。从图 2 - 19、图 2 - 20 中可以看出,BBC-NER 方法对于不同的软件缺陷实体识别的性能指标 $F1$ 值在 80% 以上,结合实体类别的数量分布图分析可得 BBC-NER 方法在实体数量较大的实体类别拥有更好的识别表现。

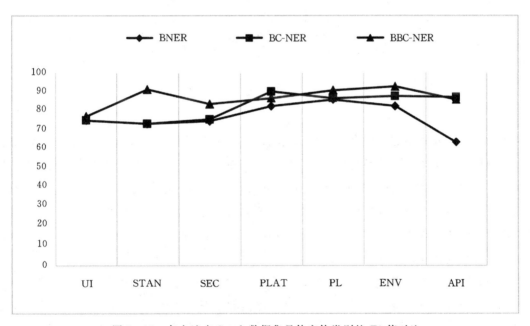

图 2 - 19　各方法在 Spark 数据集具体实体类别的 $F1$ 值对比

然而,我们也从中注意到,不同的方法在不同的数据集上 UI 实体的识别效果均是最差的,分析 Eclipse 标注数据集中的 UI 实体分布发现"B-UI,I-UI"形式的实体占 UI 实体的 56%,即超过一半的 UI 实体为词组组成。对于其他的实体类别,如 Env 实体,在 Eclipse 标注数据集中形式为"B-Env,I-Env"的实体占 Env 实体的 17.78%。三种方法在 Env 实体识别的表现上也都优于在 UI 实体的识别性能,由此我们可以分析得出三种方法对于单个词表示的实体的识别效果更好,对于由词组形式表示的实体的识别效果较差。BBC-NER 方法相较于 BNER 和 BC-NER 方法在 UI 实体的识别上的提升并不大。

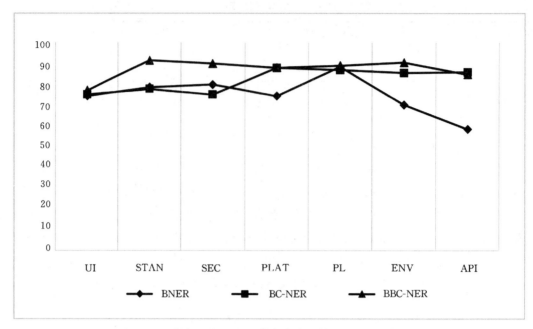

图 2-20　各方法在 Eclipse 数据集各实体类别的 $F1$ 值对比

2.6　本章小结

本章分析了软件缺陷领域命名实体识别模型构建中需要考虑的问题,针对这些问题,对软件缺陷领域命名实体识别模型构建进行探索。基于随机森林上下文的命名实体识别模型是探索的初步成果,该模型充分考虑了软件缺陷领域命名实体的特点,结合上下文特征对特征选择算法进行了针对性改进。该模型的优势是不需要大量无标记数据进行训练,训练时间短;其缺点是模型的性能受到实体类别分布不平衡的影响,在不同数据集中性能差异大。因此,本章提出了基于多级别特征融合的命名实体识别模型,其使用大量无标记的数据进行训练,在去除差异性的同时能获取更丰富的特征。在特征融合方面,字符级嵌入可以利用显式的子单词级信息,如前缀和后缀;单词级嵌入对语义特征有更准确的把握。注意力机制学习句子中不同词之间的相互关系,调整词的重要程度,更加全局性地表达了词向量的特征。在实证研究方面,分别对两个命名实体识别模型进行了分析,最终实验结果表明 MNER 模型在软件缺陷领域命名实体识别中的性能最好,其平均 $F1$ 值为 90.55%,相较于 RNER 模型,提升了 5.1%,相较于 BiLSTM-CRF 模型,提升了 5.45%。

>> 第 3 章

DB-CNN-NER重复软件缺陷报告检测方法

3.1　引言

目前,重复软件缺陷报告的检测方法主要依靠检测缺陷报告的文本(标题 Summary、描述 Description)相似度和元数据(Product 产品、Component 组件等结构化特征字段)的相似度来判断缺陷报告间是否重复。已有大量的研究工作表明,元数据有利于重复软件缺陷报告检测性能的提升。本章对于 Eclipse 重复软件缺陷报告不同的元数据之间的重复度进行了分析,因此首先验证不同元数据间对于重复软件缺陷报告检测的影响程度,重复软件缺陷报告间元数据的重复度之间的关系,是否元数据之间的重复度越高对于重复软件缺陷报告检测的效果提升越大。缺陷报告自带的元数据字段反映了某种维度上缺陷报告间的关联关系,如:优先级(Priority)从侧面描述了软件缺陷对软件质量的影响,重复软件缺陷报告描述的是相同或类似的缺陷,应当具有相同的优先级。然而,重复软件缺陷报告由不同的人员报告,报告人员对缺陷的认知程度不尽相同,因此在对软件缺陷优先级划分时也存在些许差异,如 Eclipse 重复软件缺陷报告元数据优先级(Priority)的重复度为 85.07%。如何减小结构化信息中受人为因素干扰的部分信息,就需要寻找新的结构化信息。通过 NER 方法可以挖掘缺陷报告间文本数据潜在的关联关系,构建新的结构化信息用以反映缺陷报告间缺陷类别的关联关系。并通过在不同的重复软件缺陷报告检测方法中验证软件缺陷命名实体类别对于重复软件缺陷报告检测的影响。

3.2　卷积神经网络

卷积神经网络(convolutional neural networks,CNN)是前馈神经网络的一种,最初被应用到计算机视觉领域做图像分类、检测等任务。词嵌入模型的发展,使得 CNN 在处理短文本数据上提供了可能,主要思想是将词嵌入向量作为输入层与 CNN 的卷积操作结合起来,输入层是文本中单词对应的词向量排列的矩阵,假设文本有 n 个词,词嵌入的维度为 k,那么输入就是 $n \times k$ 的矩阵(可以比作 CNN 在图像处理中表示的一幅高为 n,宽为 k 的图像)。卷积神经网络主要包括卷积层、池化层、全连接层和输出层等。

1. 卷积层

卷积层是卷积神经网络的主要结构之一,是卷积神经网络的核心部分。卷积层是对输入的文本向量矩阵的第一次操作,对输入的文本矩阵进行降维与特征识别,卷积操作是矩阵的线性内积计算。为了减少训练过程中的参数量、提高训练速度,卷积层引入了局部连接,同时在相邻网络层中实现权值参数共享。局部连接运用了局部相关性原理,相较于全连接的优势是参数量少,在计算过程中局部连接中输出的数据元素只和输入数据的部分元素相连接,表示的只是输入数据的小部分的特征信息,通过对所有的局部特征进行拼接,可以完整地表示输入数据的所有特征。权值共享是卷积层中另一种减少网络参数,提高运算速度的手段。权值共享具体是指在卷积运算滑动的过程中,每个位置使用的滤波器参数都是相同的。只使用一种滤波器只能学习到单一的特征,因此在卷积层会设置多个滤波器,得到多种特征信息。通过权值共享可进一步降低网络的参数量,提高网络训练速度。

在图像处理中,卷积层的卷积操作就是卷积核矩阵和对应的输入层中一部分矩阵的点积运算,卷积核通过权重共享的方式按照步幅上下左右地在输入层滑动提取特征。

然而,在自然语言处理领域对于文本的卷积操作过程中,由于词嵌入作为卷积神经网络的输入层,每一行表示的都是一个完整的词,提取句子文本中有利于分类的特征就需要从词语或者字符级别提取特征,也就是卷积核的宽度应当与词向量的维度保持一致。如图 3 - 1 所示的卷积过程,输入的句子在进行卷积操作之后,所得到的向量维度为 d,计算公式如式(3 - 1)所示,句子长度 sentence_length 减去卷积核的大小 filter_size,再加上 1(此处假设步幅为 1)。

$$d = \text{sentence\_length} - \text{filter\_size} + 1 \qquad (3 - 1)$$

在卷积操作时,我们可以通过设置卷积核的数量来增加卷积层输出的通道数,这样就使得卷积操作可以提取输入层的多层次特征,如图 3 - 1 所示设置了两种大小的卷积核(2,3),每个相同大小的卷积核的通道数设置为 2。

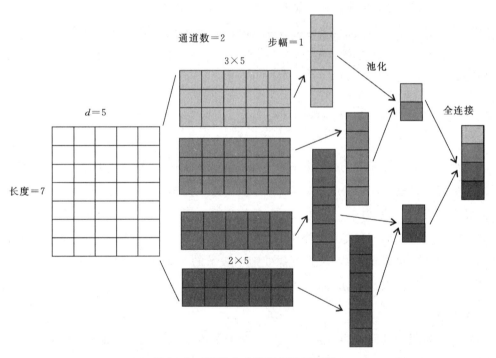

图 3 - 1　CNN 文本特征提取示意图

2. 池化层

卷积神经网络的池化层也被称作下采样层,通常出现在若干个连续的卷积层之间,主要作用:降低输入数据的空间维度,减少数据中的冗余信息,对特征进行压缩;提供平移、旋转以及旋转不变性,使得输入数据在压缩过程中过滤掉不必要的特征信息,保存不变的特征信息。通过池化操作,使得进入下一层网络的特征图维度降低,也可防止过拟合问题的出现,同时加强了网络对噪声的抑制作用,提高了网络的泛化能力。常见的池化方式有最大池化、平局池化、最小池化、求和池化和随机池化。

卷积神经网络在自然语言处理任务中的池化操作一般采用最大池化,它将卷积层的每一个通道得到的向量进行最大池化后得到一个标量,卷积核有多少个就有多少个最大标量,然后将这些标量拼接成一个向量,所有大小的卷积核所得到的向量再次拼接,这样得到一个最终的一维向量。将最终的向量传入到全连接层或者 Softmax 层进行分类操作。

3. 激活函数

卷积神经网络中另一个重要的组成部分就是激活函数层。不同于卷积层中的线性映射,激活函数通常由非线性函数组成,这使得网络可以解决非线性部分的样本数据,增加网络对非线性特征的学习和识别,增强网络的非线性能力。下面介绍一些常见的激活函数。

Sigmoid 函数是一种常见的激活函数,如图 3-2(a)所示,其值域为(0,1),通常用在二分类任务中,输出事件的概率。其函数表示如下。

$$f(x) = \frac{1}{1 + e^{-x}} \tag{3-2}$$

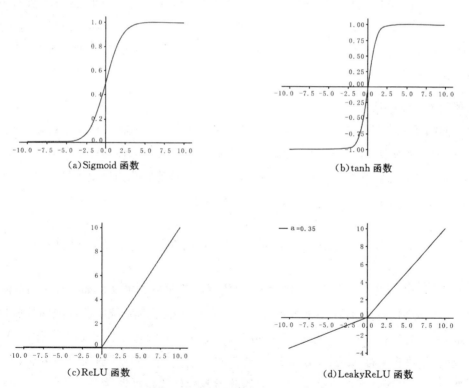

(a)Sigmoid 函数　　　　　　　　　(b)tanh 函数

(c)ReLU 函数　　　　　　　　　(d)LeakyReLU 函数

图 3-2 不同激活函数示意图

tanh 激活函数关于原点中心对称,其值域为(-1,1),如图 3-2(b)所示。tanh 函数相较于 Sigmoid 函数收敛速度更快,其函数表示如下。

$$\tanh(x) = \frac{1 - e^{-2x}}{1 + e^{-2x}} \qquad\qquad (3-3)$$

ReLU(rectified linear unit)激活函数是一种线性非饱和函数,如图 3-2(c)所示。相比于前两种激活函数,ReLU 函数拥有更快的收敛速度,其函数表示如下。

$$\text{ReLU}(x) = \begin{cases} x, x \geqslant 0 \\ 0, x < 0 \end{cases} \qquad\qquad (3-4)$$

由于 ReLU 函数在 $x<0$ 时梯度为 0,使得特征图中的负值在传递过程中无法产生影响,故而对 ReLU 函数在 $x<0$ 区间进行了改进,改进后的函数为 LeakyReLU,如图 3-2(d)所示,其函数表示如下。

$$\text{LeakyReLU}(x) = \begin{cases} x, x \geqslant 0 \\ ax, x < 0 \end{cases} \qquad\qquad (3-5)$$

Sigmoid 和 tanh 作为常见的饱和激活函数,在深度神经网络中容易出现梯度消失的情况。当神经网络的层数较深时,随着梯度向前传播,激活函数会在网络中多次作用,使得梯度不断衰减,直至消失,这样网络收敛的速度就非常慢。

ReLU 激活函数及其变体等非饱和激活函数,相较于常见的饱和激活函数,其输出区间很大,在一定程度上避免了梯度消失同时加快了网络的收敛速度。不同于 LeakyReLU 在 $x<0$ 区间给定非负斜率,PReLU 和 RReLU 在训练过程中引入动态负值斜率,加强了对不同任务的适应性。SELU 为了抑制梯度爆炸和防止梯度消失,在对样本的计算过程中引入了均值和方差归一化的操作。

4. 逻辑回归分类器

逻辑回归是一个假设样本服从伯努利分布,利用极大似然估计和梯度下降求解的二分类模型,在分类领域有着广泛的应用。逻辑回归的主要思路是在线性回归的基础上增加了 Sigmoid 函数,利用该函数单调可微的性质将线性回归的预测值转化为取值范围在(0,1)的值,并通过设定阈值从而使得逻辑回归可以处理二分类问题。

3.3 基于 CNN 的重复软件缺陷报告检测方法

本节主要介绍基于卷积神经网络检测重复软件缺陷报告的方法。如图 3-3 所示是基于卷积神经网络检测重复软件缺陷报告的流程。首先从缺陷跟踪系统中获取缺陷报告数据,提取缺陷报告中的文本信息和结构化信息,并对提取的文本信息进行预处理工作。然后使用 CNN 表示软件缺陷报告,使用 Word2Vec 词嵌入向量作为 CNN 的输入层。最后,使用二分类分类器对缺陷报告对进行分类,判别其是否为重复软件缺陷报告。

3.3.1 CNN 提取软件缺陷报告特征

软件缺陷报告的表示采用 CNN 进行表示,具体表示如图 3-4 所示,采用 Word2Vec 训练

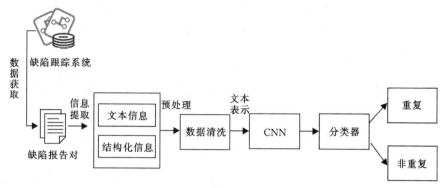

图 3-3　基于 CNN 检测重复软件缺陷报告流程框架

过的词嵌入向量,作为卷积神经网络的输入层,输入到卷积层进行卷积运算,卷积层的运算结果输入到池化层,池化层使用最大池化的方式构建软件缺陷报告的分布式向量表示。根据余弦相似度计算软件缺陷报告对(一对软件缺陷报告)的分布式向量的相似度得分。最后,将连接的向量放到输出层,然后使用逻辑回归进行分类。

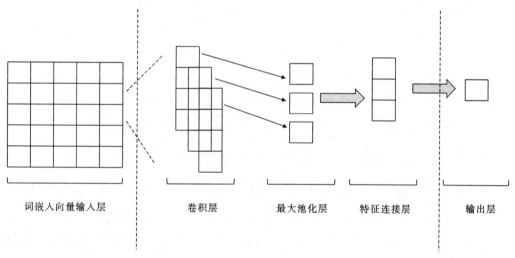

图 3-4　CNN 特征提取过程

　　由于软件缺陷报告的文本长度不尽相同,这里我们使用 s 表示输入的软件缺陷报告文本的长度,使用 d 表示词嵌入向量的维度,因此其输入层是一个由 $s \times d$ 的二维词嵌入矩阵表示的软件缺陷报告。

　　假设缺陷报告的词嵌入矩阵为 $U[1:s] \in \mathbf{R}^{s \times d}$, s 表示缺陷报告文本长度。$U[i:j]$ 表示其子矩阵从第 i 行到第 j 行的大小区域,并且在卷积层中设置 n_{k_1} 个卷积核 $k_1 \in \mathbf{R}^{h \times d}$,通道数为 q, d 表示卷积核的长度也就是输入层中词嵌入向量维度的大小, h 表示卷积的宽度(即卷积核的大小),每个卷积核对应有 $h \times d$ 数量的参数被训练。卷积层对 U 的子矩阵迭代使用滤波器进行卷积计算,设置步长为 S(本文中 $S=1$),以此来计算产生新的特征。例如,一个特征 g_i 是由单词$[i:i+h-1]$的窗口生成的,计算公式如式(3-6)所示。其长度l_{gi}计算公式如式(3-7)所示,卷积层的输出的特征图形状为$l_{gi}\times1\times n_{k1}$。则通过卷积核$k_1$的迭代卷积计算可以得到特征集合$C$,如式(3-8),$C\in\mathbf{R}^{s-h+1}$。

$$g_i = f(\sum_{i=0}^{s}k_1 \cdot I_j U[i+S:i+S+h-1]+b) \tag{3-6}$$

其中$i=1,2,\cdots,s-h+1$;·表示点积运算;设置偏移量为$b,b\in\mathbf{R}$;f为激活函数(本文使用的是tanh激活函数);I_j表示通道。

$$l_{gi} = \frac{s-h}{S}+1 \tag{3-7}$$

$$C = [c_1,c_2,\cdots,c_{s-h+1}] \tag{3-8}$$

接着对所有的特征图进行最大池化操作,并将最大值$\hat{C}=\max(C)$作为卷积核对应的特征,以此为每个特征映射捕获最重要的特征。相似性计算层通过提取和比较缺陷报告的所有特征图来计算两个错误报告的句子之间的相似性。对于缺陷报告对$(rg1,rg2)$经过CNN提取特征图$(g1,g2)$。$(rg1,rg2)$的余弦相似度计算如式(3-9)所示,使用torch自带的Cosine_similarity$(g1,g2)$函数实现。

$$\text{Cosine\_similarity}(rg1,rg2) = \frac{g1 \cdot g2}{\parallel g1 \parallel \parallel g2 \parallel} \tag{3-9}$$

拼接所有特征图相似性计算后的向量作为全连接层的输入。对于特征连接后的向量使用逻辑回归分类器进行分类输出,预测相似的概率值,本文设置阈值为0.5。当阈值≥0.5时,将其缺陷报告对标记为重复(1);当阈值<0.5时,将其缺陷报告对标记为非重复(0)。

3.3.2 不同分类器模型对于重复软件缺陷报告检测的影响

在二分类领域有着许多成熟稳定的分类器模型,在此小节主要验证不同的分类器模型对于基于卷积神经网络的重复软件缺陷报告检测性能的影响。寻找较好的分类器模型,降低分类结果的随机性,可以减小分类结果的偏差。主要选取了7类分类器进行实验对比,分别为k近邻投票模型分类器(KNeighborsClassifier,KN)、逻辑回归模型分类器(LogisticRegression,LR)、支持向量机模型分类器(SVM)、决策树模型分类器(DecisionTreeClassifier,DT)、多层感知机模型分类器(MLPClassifier,MLP)、朴素贝叶斯模型分类器(GaussianNB,NB)、随机森林分类器(RandomForestClassifier,RF)。通过在Eclipse和Spark数据集上进行验证,选择出对比的分类器中最适合的分类器。

基于卷积神经网络检测重复软件缺陷报告使用不用的分类器模型在Spark、Eclipse数据集上的结果如图3-5、图3-6所示。如图3-5所示,在Spark数据集上使用LR分类器的结果在精度(Precision)、$F1$值($F1$-Score)、准确率(Accuracy)上均优于其他分类器,此外表现较好的分类器是MLP、SVM,表现较差的分类器是DT、RF。LR分类器相较于MLP分类器在$F1$值上提升了1.02%、相较于SVM分类器在$F1$值上提升了1.5%、相较于DT分类器在

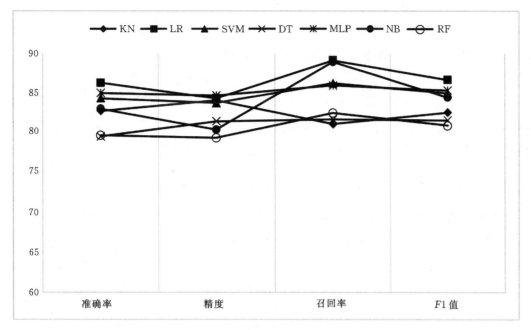

图 3-5　不同分类器在 Spark 数据集上的结果

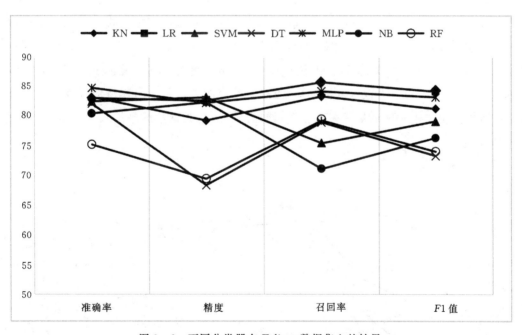

图 3-6　不同分类器在 Eclipse 数据集上的结果

$F1$ 值上提升了 6.64%、相较于 RF 分类器在 $F1$ 值上提升了 6.08%。但在召回率(Recall)的表现上略低于 NB 分类器模型 2.4%。如图 3-6 所示,在 Eclipse 数据集上使用 LR 分类器的结果在召回率、$F1$ 值上优于其他的分类器,此外表现较好的分类器有 MLP、KN 分类器,表现较差的分类器有 DT、RF 分类器。LR 分类器相较于 MLP 分类器在 $F1$ 值上提升了 1.74%、相较于 KN 分类器在 $F1$ 值提升了 3.03%、相较于 DT 分类器在 $F1$ 值上提升了 10.67%、相较于 RF 分类器在 $F1$ 值上提升了 10.08%。但在准确率的表现上略低于 MLP 分类器模型 1.69%、低于 KN 分类器 0.14%,在精度上略低于 SVM 分类器 0.53%。

由以上数据分析结果可知,LR、MLP 分类器在两个数据集上的综合表现较好,LR 分类器效果比 MLP 略高。此外 DT、RF 分类器在两个数据集上的表现都较差。实验结果表明不同的分类器模型对于基于卷积神经网络检测重复软件缺陷报告有一定的影响。

3.3.3　文本数据长度对于重复软件缺陷报告检测的影响

软件缺陷报告的文本数据长度并不统一,在对文本信息数据进行处理时会进行统一的截取操作,截取的文本信息内容太短会导致关键信息缺失,截取文本长度过长会包含过多的无用信息,影响模型训练的结果。因此,本节验证不同的文本数据长度对卷积神经网络模型检测重复软件缺陷报告的影响,观察其对模型的影响,找出适合模型的文本长度。实验选取一组 $[60, 70, 80, 90, 100, 110, 120]$ 文本数据长度进行问题验证。

实验结果如图 3-7、图 3-8 所示。在 Spark 数据集上,由图 3-7 可知准确率、召回率和 $F1$ 值在文本长度为 100 的时候表现最优,精度在文本长度为 $90, 100, 110, 120$ 上的结果并没有太大的差异。文本长度为 100 时是 Spark 数据集文本长度平均值的 1.6 倍左右。在 Eclipse 数据集,由图 3-8 可知准确率、精度和 $F1$ 值在文本长度为 110 时结果最优,召回率在文本长度为 $100, 110, 120$ 时趋于稳定差异不大。文本长度为 110 时是 Eclipse 数据集文本长度的 1.35 倍左右。由以上数据分析可知,当取数据集的平均长度时模型的性能表现不佳,在不同的数据集上文本长度的最优表现也不相同,这可能与数据集的平均长度和数据长度的分布不同有关。

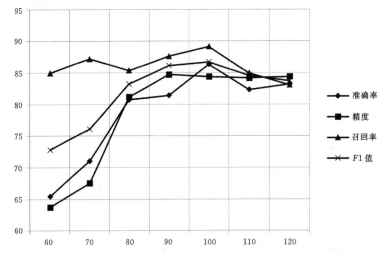

图 3-7　Spark 文本长度对检测性能的影响

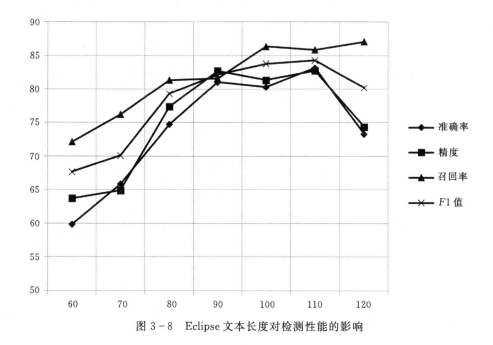

图 3-8　Eclipse 文本长度对检测性能的影响

3.3.4　过滤器大小对于重复软件缺陷报告检测的影响

本小节主要研究卷积神经网络中设置的过滤器(卷积核)的大小对检测重复软件缺陷报告检测的影响。卷积层的每个过滤器就是文本信息的一个特征映射,可以提取部分特征。为提取更多的特征,实验选取 5 组数据,每组 3 种卷积核({1,2,3},{2,3,4},{3,4,5},{4,5,6},{5,6,7})。不同卷积核大小的实验结果如表 3-1 所示。

表 3-1　不同的卷积核大小对重复软件缺陷报告检测结果的影响

数据集	卷积核大小	准确率/%	精度/%	召回率/%	F1 值/%
	{1,2,3}	82.44	85.93	79.99	82.85
	{2,3,4}	84.33	85.41	84.20	84.80
Spark	{3,4,5}	86.31	84.36	89.14	86.68
	{4,5,6}	85.40	85.08	86.64	85.85
	{5,6,7}	77.02	67.40	89.2	76.78
	{1,2,3}	71.70	67.25	78.04	72.24
	{2,3,4}	82.19	72.26	83.84	77.62
Eclipse	{3,4,5}	81.49	82.58	81.51	82.04
	{4,5,6}	83.17	82.76	85.83	84.26
	{5,6,7}	72.39	65.20	85.37	73.93

为了更加清晰地显示不同的卷积核大小对基于卷积神经网络检测重复软件缺陷报告结果的影响,准确率和 F1 值趋势图如图 3-9、图 3-10 所示。可以从图 3-9 中明确地得出,在设置卷积核大小为{3,4,5}时,在 Spark 数据集上达到最好的检测效果。从图 3-10 中可以得出,在设置卷积核大小为{4,5,6}时,在 Eclipse 数据集上达到了最好的效果。

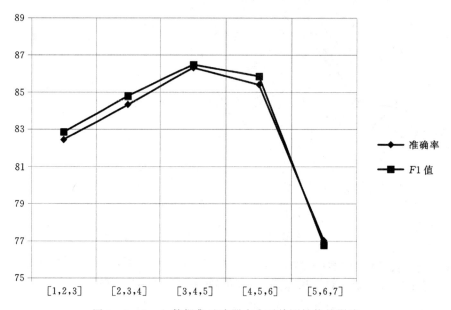

图 3-9　Spark 数据集过滤器大小对检测性能的影响

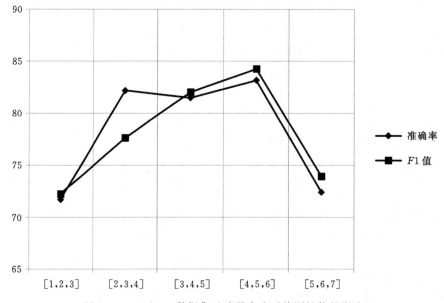

图 3-10　Eclipse 数据集过滤器大小对检测性能的影响

3.3.5　元数据对于重复软件缺陷报告检测的影响

已有研究表明,通过连接元数据特征来丰富文本信息,增强缺陷报告对间的相关性有利于重复软件缺陷报告的检测,提高分类的可靠性。不同的元数据从不同的角度和知识维度表达了软件缺陷报告之间的关联关系。如相同的缺陷可能来自同一组件(Component),即重复软件缺陷报告的组件属性描述相同的概率大于来自不同组件的概率。再如缺陷报告的创建时间表示软件缺陷首次被报告的时间,然而,同一软件缺陷可能被不同的人员发现,不同的人员对同一缺陷进行首次报告的时间不会相差太久,如 2.4.2 节中对 Eclipse 数据集中的重复软件缺陷报告的报告时间进行比较发现,重复软件缺陷报告报告时间相差在 60 天之内的高达 51.91%。因此,探讨元数据对于重复软件缺陷报告的影响是必要的,本节将选取单一的元数据与组合元数据的不同形式来探讨基于卷积神经网络检测重复软件缺陷报告时元数据对于检测结果的影响。

如图 3-11 所示是基于卷积神经网络检测重复软件缺陷报告加入元数据特征的网络结构图,将元数据特征与文本特征进行特征融合连接来丰富文本特征,共同表示缺陷报告特征信息。将连接的向量定义如式(3-10)。

$$Co = [\mathrm{Cosine}(rg1, rg2), \mathrm{MetadataFea}] \tag{3-10}$$

其中 $\mathrm{Cosine}(rg1, rg2)$ 表示 CNN 提取的特征图$(g1, g2)$的相似性,$\mathrm{MetadataFea}$ 表示元数据特征,Co 表示与元数据特征连接后的向量。

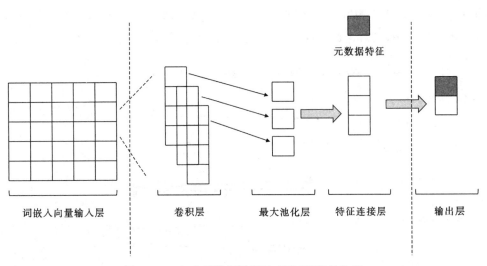

图 3-11　加入元数据特征的 CNN 网络结构图

实验结果如表 3-2 所示,与没有加入元数据特征的结果进行对比。实验选取优先级、组件、创建时间[Priority, Component, Created_time]以及三者的组合来探究不同元数据对重复软件缺陷报告检测结果影响。

表 3-2 不同的元数据对重复软件缺陷报告检测结果的影响

数据集	元数据	准确率/%	精度/%	召回率/%	F1 值/%
Spark	无	86.31	84.36	89.14	86.68
	Priority(Pri)	88.98	86.50	91.07	88.73
	Component(Com)	88.69	86.47	90.76	88.56
	Created_time(C_Time)	86.45	85.23	89.42	87.27
	Pri+Com+C_time	91.26	90.82	91.98	91.39
Eclipse	无	83.17	82.76	85.83	84.26
	Priority(Pri)	86.48	88.92	86.27	88.91
	Component(Com)	86.96	88.65	86.34	87.48
	Created_time(C_Time)	84.35	83.17	86.28	84.44
	Pri+Com+C_time	90.62	93.28	87.53	90.32

为更清晰地体现元数据对重复软件缺陷报告检测结果的影响,实验结果的准确率、F1 值指标图如图 3-12、图 3-13 所示。可以从图 3-12、图 3-13 明显看出,在加入元数据特征比只使用文本信息进行重复软件缺陷报告的检测效果更好。加入不同的元数据对检测结果有不同的增长,当将选取的元数据[Priority,Component,Created_time]全部作为特征加入时,在 Spark 数据集上结果相较于没有使用元数据特征准确率提升了 4.95%、F1 值提升了 4.71%。在 Eclipse 数据集上结果相较于没有使用元数据特征准确率提升了 7.45%、F1 值提升了 6.06%。由数据分析可知,元数据特征对于重复软件缺陷报告检测的有效性。

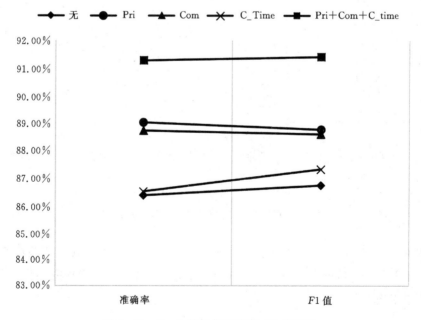

图 3-12 Spark 数据集准确率、F1 值结果

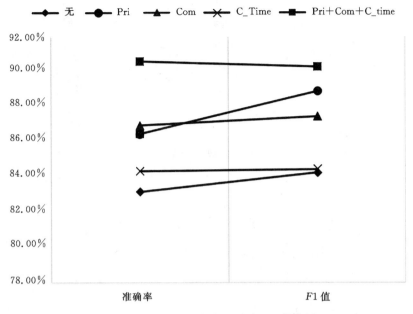

图 3 - 13　Eclipse 数据集准确率、F1 值结果

3.4　DB-CNN-NER 方法

本节首先介绍基于卷积神经网络（CNN）和融合命名实体识别（BBC-NER 方法）检测重复软件缺陷报告方法的总体框架，这里称之为 DB-CNN-NER 方法，然后基于 DB-CNN-NER 方法进行重复软件缺陷报告检测实验，并分析实验结果。

3.4.1　DB-CNN-NER 模型构建

DB-CNN-NER 方法的总体流程框架如图 3 - 14 所示，最主要的部分是软件缺陷命名实体识别和卷积神经网络表示缺陷报告，将软件缺陷命名实体的分类类别作为结构化信息在卷积神经网络中进行特征连接，以此提升重复软件缺陷报告检测信息的相关性。数据清洗部分工作与 BBC-NER 方法数据处理部分相同，输入卷积神经网络的缺陷报告词嵌入矩阵之前的数据清洗部分与以上基于 CNN 检测重复软件缺陷报告数据清洗的工作相同。特征连接将 NER 分类特征与文本特征进行特征融合连接来丰富文本特征，共同表示缺陷报告特征信息。将连接的向量定义如下。

$$CoNER = [\mathrm{Cosine}(rg1, rg2), \mathrm{NERFea}] \qquad (3-11)$$

其中 $\mathrm{Cosine}(rg1, rg2)$ 表示 CNN 提取的特征图 $(g1, g2)$ 的相似性，NERFea 表示 NER 分类特征，$CoNER$ 表示与 NER 分类特征连接后的向量。

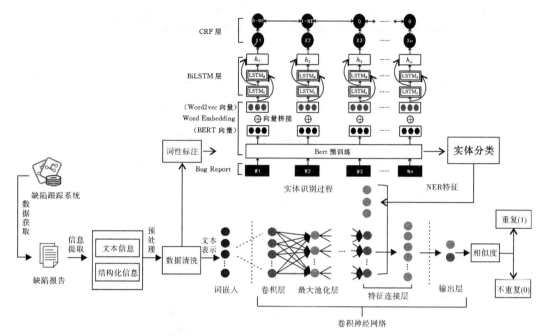

图 3 - 14   DB-CNN-NER 方法总体流程框架图

3.4.2   实验结果分析

为验证软件缺陷命名实体识别对于检测重复软件缺陷报告的有效性,将 DB-CNN-NER 的实验结果与基于 CNN 加入不同的元数据的实验结果进行对比。实验结果如表 3 - 3 所示。

表 3 - 3   DB-CNN-NER 方法检测结果

数据集	方法	准确率/%	精度/%	召回率/%	F1 值/%
	CNN	86.31	84.36	89.14	86.68
Spark	CNN＋Pri＋Com＋C_time	91.26	90.82	91.98	91.39
	DB-CNN-NER	92.98	92.17	94.83	93.48
	CNN	83.17	82.76	85.83	84.26
Eclipse	CNN＋Pri＋Com＋C_time	90.62	93.28	87.53	90.32
	DB-CNN-NER	91.76	92.30	92.95	92.63

由图 3 - 15 中结果可以看出,在 Spark 数据集上 DB-CNN-NER 方法检测重复软件缺陷报告相比 CNN、CNN＋元数据信息在准确率、精度、召回率、F1 值上均有所提升。相比 CNN 方法准确率提升了 6.67％、F1 值提升了 6.8％,与 CNN＋元数据[Priority,Component,Created_time]方法比较准确率提升了 1.72％、F1 值提升了 2.09％。

由图 3 - 16 中结果可以看出在 Eclipse 数据集上 DB-CNN-NER 方法检测重复软件缺陷报告相比 CNN、CNN＋元数据信息在准确率、精度、召回率、F1 值上均有所提升。相比 CNN

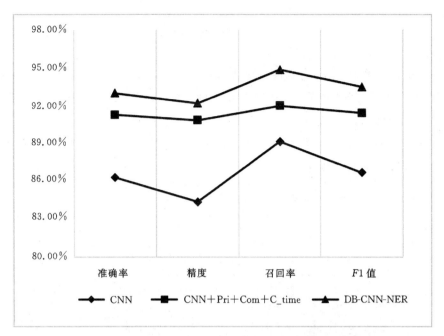

图 3 - 15　Spark 数据集 DB-CNN-NER 方法检测结果

方法准确率提升了 8.59％、F1 值提升了 8.37％，与 CNN＋元数据［Priority，Component，Created_time］方法比较准确率提升了 1.14％、F1 值提升了 2.31％。

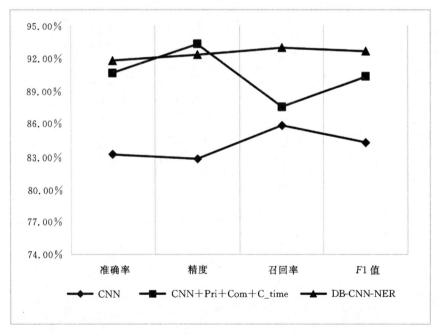

图 3 - 16　Eclipse 数据集 DB-CNN-NER 方法检测结果

3.5 本章小结

本章首先介绍了实验数据，卷积神经网络的基本原理。基于卷积神经网络检测软件缺陷报告的流程框架，实验了不同分类器、文本数据长度、过滤器大小、元数据特征对于重复软件缺陷报告检测结果的影响，并对结果进行评价分析。接着介绍了 DB-CNN-NER 方法检测重复软件缺陷报告方法的总体框架，并对各实验结果进行汇总对比分析，验证融合命名实体的重复软件缺陷报告检测方法的有效性。

第 4 章

基于关键词语义的安全缺陷报告识别方法

4.1　引　言

知识图谱是一种用图模型来描述世界万物之间关系的方式,通过可视化工具来描述知识之间存在的联系,从而分析、挖掘出知识之间存在的潜在关系。软件知识图谱是指由软件领域的术语构建的知识图谱,构造的过程与一般的知识图谱类似。在软件安全领域中,知识图谱中的节点可以用来表示安全缺陷类型,如缓冲区溢出、SQL 注入、拒绝服务攻击等,边可以表示实体之间的关系,如安全缺陷类型之间的关系等。因此使用知识图谱可以更好地挖掘出安全缺陷报告产生的潜在原因。

安全领域知识对安全缺陷报告预测具有良好的效果,CWE 和 CVE 的安全关键词均提高了安全缺陷报告预测的有效性。安全缺陷报告存在特征提取困难、关键词提取不准确,以及缺乏安全关键词之间的上下文关系等问题,针对这些问题本章提出了一种关键词语义知识图谱构建的方法,该方法将知识图谱技术应用在软件安全领域中,主要的构建过程如图 4-1 所示。使用 CWE、CVE 和安全缺陷报告训练集作为安全领域知识来源,进而提取出高质量的安全关键词,并通过知识图谱中边的关系来表示缺陷报告中安全关键词之间复杂的关联关系。在语义知识图谱构建的过程中,主要包含数据源选取、知识抽取、知识融合及知识存储等阶段,所构建的语义知识图谱为后续安全缺陷报告的识别提供了基础。

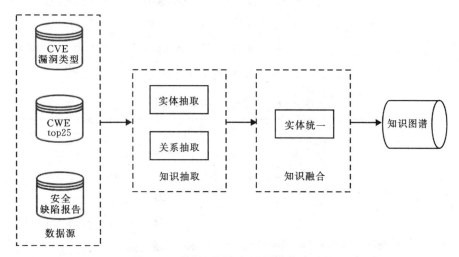

图 4-1　关键词语义知识图谱构建过程

4.2　关键词语义知识图谱构建

4.2.1　数据获取与处理

安全缺陷报告的稀缺性以及缺陷报告文本描述中与安全关键词的稀疏性,将限制提取的安全关键词的准确性和全面性。关键词语义知识图谱构建的第一步是为实体提取准备领域知识相关来源，数据源质量的好坏会直接影响语义知识图谱构建的效果。这些安全缺陷报告通常是以非结构化文本的形式存储的，如常见的漏洞数据库 CVE 和 NVD，这些漏洞都有唯一确定的 ID，不同的漏洞数据库中存储着不同类别的漏洞信息，但是基本都包括缺陷的描述、影响范围、危险等级、发布时间等，这为相关研究者深入和分析安全缺陷产生的原因和安全缺陷报告的识别提供了可靠的基础。目前软件安全缺陷具有如下特点。

(1)数据规模不断增大，增长速度快。根据 CVE 平台近几年显示的安全缺陷数数量可知，安全缺陷在近几年的增长速度较快。

(2)安全缺陷种类复杂多样、参差不齐。不同的安全缺陷类型含有不同的安全关键词，常见的安全缺陷类型有分布式拒绝服务、SQL 注入、跨站脚本攻击、验证错误等。

因此，为了提高领域知识的多样性，本研究除了使用安全缺陷报告数据集外，还从两个权威的数据存储库 CWE 和 CVE 中提取了安全关键词来保证研究中安全关键词提取的质量。下面分别介绍语义知识图谱中使用到的数据源信息。

1. 安全缺陷报告数据集

安全缺陷报告数据集为 Wu 等人清理和共享的 5 个数据集，分别是 Ambari、Camel、Derby、Wicket 和 Chromium 数据集，这是广泛应用于安全缺陷报告预测的 5 个开源数据集。本节将数据集分为两部分，训练集和测试集各 50%，将训练集中的安全缺陷报告作为构建知识图谱的一部分，如表 4 - 1 所示为 Ambari 数据集中 id 号为 628，并且已经被标记为安全的缺陷报告，其中 Summary 为缺陷报告的摘要描述信息，Description 为详细描述信息，使用 Summary 和 Description 中的文本信息作为安全缺陷报告信息来源。

表 4 - 1　Ambari - 628 缺陷报告

ID	628
Summary	hdp-nagios and hdp-monitoring has wrong configuration file location also owner:group permissions are wrong.
Status	Verified(Closed)
Description	Suse environment has wrong configuration location for hdp-dashboard and hdp-nagios. Also owner:group permissions were wrongly set to root:root instead of 'wwwrun' and group is 'www'

2. CWE 安全缺陷类型

CWE 是一个社区开发的常见软件缺陷列表，它列出了来自操作系统供应商、商业信息安全工具供应商、学术界、政府机构和研究机构的代表性漏洞。根据 CWE 的定义，具有共同特征的漏洞被归为一个类别，使用 CWE 作为安全领域知识提取的来源，这可以保证实验获得的领域知识的质量。对于大多数已经识别的安全缺陷报告，都存在明显的安全问题，可以匹配到特定的 CWE 类别。表 4 - 2 列出了 3 个已知漏洞类型"null pointer""improper memory handling""improper permission",根据文本中的关键语句可以找到对应的 CWE 类别。例如,缺陷报告 Camel - 286 是一个与空指针相关的安全缺陷报告,属于 CWE - 476 指针问题。因此这里将 CWE 中的信息作为数据源的一部分,不仅使用名称,还使用每个 CWE 的描述和扩展描述作为来源,因为这些字段简洁地描述了每个 CWE,并提供了高质量的领域知识来源。如表 4 - 3 所示是一个 CWE 类别的主要文本信息示例,描述部分简要介绍了 CWE 的特性,而扩展描述提供了更详细的信息。

表 4 - 2　安全缺陷报告 CWE 类别

ID	描述	CWE 类型
Camel - 286	NullPointerException in CXF routes when there is an endpoint between router and service CXF endpoints	CWE - 476
Ambari - 3135	Number of ExecutionCommandEntity objects keep growing and result in Out of memory on large cluster (100 nodes)	CWE - 119
Chromium - 8388	Allow database user to execute stored procedures with same permissions as database owner and/or routine definer	CWE - 732

表 4 - 3　CWE - 125 示例

Weakness ID	CWE - 125
Name	Out-of-bounds Read
Dexcription	The software reads data past the end, or before the beginning, of the intended buffer.
Extended Description	Typically, this can allow attackers to read sensitive information from other memory locations or cause a crash. A crash can occur when the code reads a variable amount of data and assumes that a sentinel exists to stop the read operation, such as a NUL in a string. The expected sentinel might not be located in the out-of-bounds memory, causing excessive data to be read, leading to a segmentation fault or a buffer overflow. The software may modify an index or perform pointer arithmetic that references a memory location that is outside of the boundaries of the buffer. A subsequent read operation then produces undefined or unexpected results.

　　CWE 平台在 2021 年公布了排名前 25 种的危险漏洞类型,如图 4 - 2 所示,这是在 2019—2020 年中遇到的最常见和影响最大的一些安全缺陷。这些缺陷通常很容易被发现和利用,并

且可以让攻击者完全接管系统、窃取数据或阻止应用程序运行。这个数据表的编写,利用了美国国家标准与技术研究院(NIST)、国家漏洞数据库(NVD)中的常见漏洞、CVE漏洞数据库数据以及通用漏洞评分系统(CVSS)评定的分数,根据出现频率和严重程度对每个漏洞进行评分。报告对2019—2020年NVD收录的32 500个CVE漏洞进行了评分和计算后,得到了漏洞的排名。排名在算法上考虑到了出现频率(Prevalence)和危害(Severity)两个参数,以使频率低和危害小的缺陷不容易出现在排行榜中,而让频率高,危害高的缺陷出现在排行榜中。CWE Top 25可以帮助开发人员、测试人员、用户、项目经理、安全研究人员和教育工作者深入了解最严重的安全漏洞。因此这里使用CWE在2021年报告的前25种危险的漏洞类型作为安全领域知识来源,并按它们的流行程度和严重程度进行排名,如图4-2所示。

Rank	ID	Name	Score	2020 Rank Change
[1]	CWE-787	Out-of-bounds Write	65.93	+1
[2]	CWE-79	Improper Neutralization of Input During Web Page Generation ('Cross-site Scripting')	46.84	1
[3]	CWE-125	Out-of-bounds Read	24.9	+1
[4]	CWE-20	Improper Input Validation	20.47	-1
[5]	CWE-78	Improper Neutralization of Special Elements used in an OS Command ('OS Command Injection')	19.55	+5
[6]	CWE-89	Improper Neutralization of Special Elements used in an SQL Command ('SQL Injection')	19.54	0
[7]	CWE-416	Use After Free	16.83	+1
[8]	CWE-22	Improper Limitation of a Pathname to a Restricted Directory ('Path Traversal')	14.69	+4
[9]	CWE-352	Cross-Site Request Forgery (CSRF)	14.46	0
[10]	CWE-434	Unrestricted Upload of File with Dangerous Type	8.45	+5
[11]	CWE-306	Missing Authentication for Critical Function	7.93	+13
[12]	CWE-190	Integer Overflow or Wraparound	7.12	-1
[13]	CWE-502	Deserialization of Untrusted Data	6.71	+8
[14]	CWE-287	Improper Authentication	6.58	0
[15]	CWE-476	NULL Pointer Dereference	6.54	-2
[16]	CWE-798	Use of Hard-coded Credentials	6.27	+4
[17]	CWE-119	Improper Restriction of Operations within the Bounds of a Memory Buffer	5.84	-12
[18]	CWE-862	Missing Authorization	5.47	+7
[19]	CWE-276	Incorrect Default Permissions	5.09	+22
[20]	CWE-200	Exposure of Sensitive Information to an Unauthorized Actor	4.74	-13
[21]	CWE-522	Insufficiently Protected Credentials	4.21	-3
[22]	CWE-732	Incorrect Permission Assignment for Critical Resource	4.2	-6
[23]	CWE-611	Improper Restriction of XML External Entity Reference	4.02	-4
[24]	CWE-918	Server-Side Request Forgery (SSRF)	3.78	+3
[25]	CWE-77	Improper Neutralization of Special Elements used in a Command ('Command Injection')	3.58	+6

图4-2 CWE前25种的危险漏洞类型

3. CVE 安全漏洞库

CVE是国际著名的安全漏洞库,为每一个缺陷确定了唯一的名称和标准化的描述,它类似一个字典,为安全领域中广泛认同的安全漏洞定义了一个名称。CVE知识库提供了丰富的安全漏洞知识,包括来自CVE的特定项目的安全领域知识。除了产品之间共享的一般安全要求外,每个软件也有其特定的安全要求。CVE条目是从每个项目的生产环境中发现的真实漏洞,可以从历史CVE条目中收集特定于产品的安全领域知识,以增加从CWE中提取的安全关键词列表。如图4-3所示展示了从1999年到2021年所有的根据CVE标准定义的每个安全类型的安全漏洞数量。CVE中将安全缺陷分为了13种类别,如拒绝服务(Denial of

Service)、执行代码(Execute code)、溢出(Overflow)等类别,因此,这里选取 CVE 类别信息作为关键词语义知识图谱的知识来源之一。

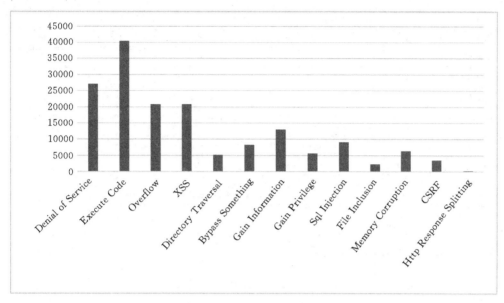

图 4-3　CVE 漏洞类型

数据源选取的可靠性将影响关键词语义知识图谱的构建效果,本研究选取国内外权威的安全领域信息作为数据源,这样就可以保证数据的可靠性,为后续的知识图谱构建工作奠定了基础。

数据源选取后,部分数据存在冗余信息,缺陷报告文本中存在大量的无用信息,不利于关键词语义知识图谱的构建,如 Ambari 数据集中 id 号为 2101 并标记为与安全相关的缺陷报告中的描述信息,如图 4-4 所示,在描述信息中存在大量代码信息,以及程序运行错误时产生的代码异常,这些文本信息对于知识图谱的构建并没有作用,并在一定程度上影响着安全缺陷报告的识别,需要对获取到的数据进行预处理。因此本研究将安全缺陷报告中的摘要和描述部分进行分句,并通过正则表达式将冗余的句子进行过滤。

1. 分词

缺陷报告中摘要和描述中往往包含缺陷的重要信息,如产品名称、缺陷类型、缺陷产生原因等,因此从缺陷报告的文本信息中提取信息至关重要。分词是将连续的字符串序列按照一定的规则转为词序列的过程,是为了便于后续实体的识别和分类,文本分词是文本预处理过程中最重要的一个环节,该过程直接影响到后续分析和实体识别的结果。目前,针对英文的分词工具有 Spacy、NLTK 等,Spacy 库有分词速度快,准确率高等优点,并且在后续的实体识别中也将使用 Spacy 工具包,因此这里通过 Python 调用 Spacy 进行英文分词。

2. 去停用词

停用词一般指的是集合中经常出现的频率较高的介词、代词、冠词、语气助词等对文本分

```
stack upgrade testing be still show this to be an issue. warning : unrecognised escape sequence '/ ; ' in file
/var/lib/ambari-agent/puppet/modules/hdp-hive/manifests/hive/service_check.pp at line 32warning : dynamic
lookup of $ configuration be deprecate . support will be remove in puppet 2.8. use a fully-qualified variable
name ( e.g . $ classname : :variable ) or parameterized classes.notice : /stage [ 1 ] /hdp : :snappy :
:package/hdp : :snappy : :package : :ln [ 32 ] /hdp : :snappy : :package : :ln 32 ] /exec [ hdp
: :snappy : :package : :ln 32 ] /returns : execute successfullynotice : /stage [ 2 ] /hdp-hcat : :hcat :
:service_check/exec [ hcatsmoke.sh prepare ] /returns : 1 : can not access /usr/share/java/ * oracle * : no
such file or directorynotice : /stage [ 2 ] /hdp-hcat : :hcat : :service_check/exec [ hcatsmoke.sh prepare ]
/returns : 13/05/09 15:01:52 warn conf.hiveconf : deprecate : configuration property hive.metastore.local no
longer have any effect . make sure to provide a valid value for hive.metastore.uris if you be connect to a
remote metastore.notice : /stage [ 2 ] /hdp-hcat : :hcat : :service_check/exec [ hcatsmoke.sh prepare ]
/returns : log4j : error setfile ( null true ) call failed.notice : /stage [ 2 ] /hdp-hcat : :hcat :
:service_check/exec [ hcatsmoke.sh prepare ] /returns : java.io.filenotfoundexception :
/tmp/ambari_qa/hive.log ( permission deny ) notice : /stage [ 2 ] /hdp-hcat : :hcat : :service_check/exec [
hcatsmoke.sh prepare ] /returns : at java.io.fileoutputstream.openappend ( native method ) notice : /stage [
2 ] /hdp-hcat : :hcat : :service_check/exec [ hcatsmoke.sh prepare ] /returns : at java.io.fileoutputstream.
& lt ; init & gt ; ( fileoutputstream.java:192 ) notice : /stage [ 2 ] /hdp-hcat : :hcat :
:service_check/exec [ hcatsmoke.sh prepare ] /returns : at java.io.fileoutputstream. & lt ; init & gt ; (
fileoutputstream.java:116 ) notice : /stage [ 2 ] /hdp-hcat : :hcat : :service_check/exec [ hcatsmoke.sh
prepare ] /returns : at org.apache.log4j.fileappender.setfile ( fileappender.java:290 ) notice : /stage [ 2 ]
/hdp-hcat : :hcat : :service_check/exec [ hcatsmoke.sh prepare ] /returns : at
org.apache.log4j.fileappender.activateoptions ( fileappender.java:164 ) notice : /stage [ 2 ] /hdp-hcat :
:hcat : :service_check/exec [ hcatsmoke.sh prepare ] /returns : at
org.apache.log4j.dailyrollingfileappender.activateoptions ( dailyrollingfileappender.java:216 ) notice :
/stage [ 2 ] /hdp-hcat : :hcat : :service_check/exec [ hcatsmoke.sh prepare ] /returns : at
org.apache.log4j.config.propertysetter.activate ( propertysetter.java:257 ) notice : /stage [ 2 ] /hdp-hcat :
:hcat : :service_check/exec [ hcatsmoke.sh prepare ] /returns : at
org.apache.log4j.config.propertysetter.setproperties ( propertysetter.java:133 ) notice : /stage [ 2 ] /hdp-
hcat : :hcat : :service_check/exec [ hcatsmoke.sh prepare ] /returns : at
org.apache.log4j.config.propertysetter.setproperties ( propertysetter.java:97 ) notice : /stage [ 2 ] /hdp-
hcat : :hcat : :service_check/exec [ hcatsmoke.sh prepare ] /returns : at
```

图 4 - 4　缺陷报告中的冗余信息

类没有实际作用的词汇。在英文文本中,经常会出现大量的停用词,比如 the、of、in、at、on 等介词或冠词,这些词在文本中大量出现,也具有一定的意义,但是在文本信息中都属于无用词汇。Spacy 库可以快速有效地从给定文本中删除停用词。它有一个自己的停用词列表,可以从 spacy.lang.en.stop_words 类导入,因此本文使用 Spacy 库来去除文本中的停用词。以 Ambari 数据集中 id 编号为 2262 的安全缺陷报告为例,对应的缺陷描述如图 4 - 5 所示,在 PyCharm 中通过 Spacy 进行分词和去除停用词,得到如图 4 - 6 所示的分词结果。

```
on 'install option' page when select 'perform manual registration on host and do not use ssh'
be set 'path to 64-bit jdk' disabled ( screen shoot 2013-06-03 at 10.54.49 am.png ) . also path
to 64-bit jdk java_home' input field be enable with unchecked check box ( unchecked.png )
. steps:1. go to 'install option' page. result : 'path to 64-bit jdk java_home' input field be
available for edit when check box be unchecked .
```

图 4 - 5　Ambari - 2262 缺陷描述信息

```
['install', 'option', 'page', 'select', 'perform', 'manual', 'registration', 'host', 'use',
'ssh', 'set', 'path', '64-bit', 'jdk', 'disabled', 'screen', 'shoot', '2013', '-', '06',
'-', '03', '10.54.49', 'am.png', 'path', '64-bit', 'jdk', 'java_home', 'input', 'field',
'enable', 'unchecked', 'check', 'box', 'unchecked.png', 'steps', 'install', 'option',
'page.result', 'path', '64-bit', 'jdk', 'java_home', 'input', 'field', 'available', 'edit',
'check', 'box', 'unchecked']
```

图 4 - 6　Ambari - 2262 缺陷描述信息分词结果

4.2.2　实体抽取

实体抽取的好坏对语义知识图谱的构建有着至关重要的影响。在实体抽取过程中,根据原始数据类型的不同将原始数据分为结构化、半结构化、非结构化数据,根据不同的数据类型,采取不同的方式抽取实体,而缺陷报告通常是由非结构化数据组成的。传统的命名实体识别是从文本中提取专有名词或名词短语(如人名、地名、组织名等),区别于传统的实体,本研究所要识别的实体包括软件名、安全缺陷类型、与安全相关的关键词等,目前对于软件安全领域,命名实体识别的相关研究还处于起步阶段,软件安全漏洞实体主要有以下特点。

(1)软件安全领域实体结构复杂。区别于传统的命名实体,软件安全中实体经常以多种动名词结合的形式来表示,如常见的 Integer Overflow 表示整数溢出、SQL Injection 表示 SQL 注入、Command Injection 表示命令注入等。

(2)软件实体更新频率快。近几年软件安全领域发展迅速,更新迭代速度较快,不断有新的安全类型实体产生,如某个产品中存在新的漏洞等,给软件安全实体的识别增加了难度。

(3)软件安全词语种类繁多。在软件安全实体中,除一些常见的安全实体外,如 break、fail、write 等与安全无关的实体也可能用来描述安全缺陷产生的原因,这些关键词似乎与安全缺陷无关,但是当和一些关键词组合在一起时,也会用来表示安全缺陷,如 out-of-bounds read,会出现单词 read 等。

在安全缺陷领域,数据往往都是非结构化的文本信息,目前通过自动的方式去抽取实体具有一定的局限性,并不能保证实体抽取的准确性,而采用半自动或者人工的方式抽取实体可以在一定的程度上保证实体抽取的质量。针对这些问题本书通过人工的方式对数据源中的文本信息进行实体标注,来保证数据源的可靠性,主要分为标记关键词、定义实体类型、标记结果验证、数据存储 4 个步骤。

1. 标记关键词

该步骤中需要使用数据源生成一个安全领域关键词语料库。首先对安全缺陷报告、CWE以及 CVE 中的文本信息进行人工标注,将文本信息进行分词和词性标注后,找出文本信息中和安全相关的词汇和词组,然后将完成标注的语料进行去重处理,并对关键词进行筛选。这里在对训练集中已经标记为安全的安全缺陷报告进行分析的基础上,分析了安全缺陷报告中的关键词。发现在安全缺陷报告中,一些与安全相关的关键词主要出现在主语和动词描述的部分,大部分与安全缺陷相关的实体就在文本信息中的普通名词、形容词、动词等词语中。如表4-4 所示为训练集中排名前 3 的安全缺陷报告的 CWE 类别的一些高频词。表 4-5 所示为CVE 漏洞数据库中的漏洞类型。表 4-6 所示为安全缺陷报告中与安全相关的词汇。

表 4 - 4　CWE 关键词示例

类别	关键词
CWE - 1218	memory,heap,stack,cache,buffer,pool,cpu,loop,size,range,index,array,file,path,data, exception,bound,out,comsume,leak,handle,corrupt,null,exceed,overflow,crash, dereference,use-after-free,out-of-bounds
CWE - 119	password,cookie,cache,credential,user,username,session,profile,sandbox,privacy,security, proxy,host,certificate,leak, exposure, mask,storage, transfer, log,sensitive,hash, permit, allow, invalid,malicious
CWE - 465	Pointer,dereference,reference,release,incorrect,improper,null,outside,invalid, exception,uninitialized,initialize,out-of-range, expired, handle

表 4 - 5　CVE 安全漏洞类型

CVE 安全漏洞类型
validation error、memory leak 、nullpointerexception、improper memory handling、 privacy leakage、improper permission、overflow、sql injection、xss、memory corruption、csrf、denial of service、code execution

表 4 - 6　安全缺陷报告关键词示例

ID	描述	关键词
Camel - 286	NullPointerException in CXF routes when there is an endpoint between router and service CXF endpoints	nullpointerexception
Ambari - 3135	Number of ExecutionCommandEntity objects keep growing and result in Out of memory on large cluster (100 nodes)	out of memory、cluster
Chromium - 8388	Allow database user to execute stored procedures with same permissions as database owner and/or routine definer	allow、database、user、execute、permissions

2. 定义实体类型

在实体抽取的过程中,为了方便多个实体之间建立关系,这里将不同的实体采用一定的规则进行划分,将具有同一性质的实体赋予相同的类型,在构建知识图谱时将同一类型的实体放在一起,这样也更方便后期添加新的实体,当有新的实体需要添加时,只要确定好该实体的实体类型后,就可以添加到相应的类别中,并包含对应类别的相关特性,可以省掉大量的重复工作,方便后期知识图谱的管理和维护工作。实体的构建包含以下两个部分:①实体的名字在命名时要保证名字的唯一性,如果多个实体使用同一个命名,则在后期识别安全缺陷报告时将会造成分歧,影响识别的效果。并且规定命名的实体英文都要转成小写,例如"security""exception""break"等;②在安全缺陷领域,专有的名词之间可能是一个词组,由多个单词构成一个安全类型,因此词组之间用空格隔开,例如"code execution""sql injection""memory leak"等。在进行标记关键词的步骤中,已经得到了大部分安全领域需要构建的实体,接下来就是构建对应实体的实体类别,在仔细阅读了句子中的词语后,这里将实体分为安全缺陷类型、安全缺陷关键词、安全缺陷软件名、安全缺陷动词等。表 4-7 列出了实体的实体类型、标签和示例。

表 4-7　实体类型标签

实体类型	类型标签	示例
安全缺陷类型	SBT	memory leak、csrf、sql injection 等
安全缺陷关键词	SBK	exception,authorization, security 等
安全缺陷软件	SBS	sql、nagios/ganglio 等
安全相关动词	SBV	attack、suffer 等
其他	SBO	environment、break、fail 等

3. 标记结果验证

在软件工程领域,目前许多样本数据的标记依然在很大程度上依赖领域专家的经验,主要是通过人工标记的方式来完成,面向实体标注的样本亦是如此。这里的目的是对安全缺陷报告进行预测,因此安全缺陷类型(SBT)、安全相关词(SBK)、安全相关动词(SBV)在本书的分类中是最重要的,标记的准确性也会直接影响所构建的知识图谱质量,如"null pointer dereference"或者"null poiner exception"可以在某些句子中写成"npd"或者"npe",一个没有足够安全知识的缺陷报告者可能会将这个词认为是与安全无关的,然而"null pointer dereference"是CWE 的前 25 名之一。此外,短语识别也是需要注意的地方,如短语"validation error"中,单词"validation"是一个与安全无关的单词,但短语"validation error"却被标记为安全缺陷类型。为了确保分类的正确性,文中的实体标注工作是由三个与安全缺陷领域相关的人员进行标注的,他们都有在实体标记方面的经验,并有足够的安全知识。他们同时标记相同的文件,并在标记后比较每个人的结果。

为了保证人工标记的正确性,这里采用"卡片分类法"来进行样本中实体的标记,并通过Fleiss Kappa 来衡量不同标记人员之间结果的差异。卡片分类法是指两名或两名以上的成员对样本进行实体抽取,最后根据各成员样本标记的结果来判断最终的实体类型,如果多个成员标记的结果一致,则该标签即为该样本的最终结果;如果多个成员之间标记的结果不一致,则成员之间相互讨论,得到最终结果。Fleiss Kappa 系数是检验实验标注结果数据一致性的一个重要指标。Fleiss Kappa 对于评定条件属性与条件属性之间的相关程度有很大帮助,计算公式如式(4-1),式中 $\overline{P}_e$ 表示虚假一致总比例,$\overline{P}$ 表示观测一致的总比例。$\overline{P}$ 和 $\overline{P}_e$ 的计算方式如式(4-2)和式(4-3)所示,其中 N 为被评定对象的总数,n 为评定对象的总数,k 为评定的等级数，n_{ij} 为第 j 个评定对象对第 i 个被评对象划分的等级数。

$$T = \frac{\overline{P} - \overline{P}_e}{1 - \overline{P}_e} \qquad (4-1)$$

$$\overline{P} = \frac{1}{N} \sum_{I=1}^{N} P_i = \frac{1}{Nn(n-1)} \left(\sum_{i=1}^{N} \sum_{j=1}^{k} n_{ij}^{\ 2} - Nn \right) \qquad (4-2)$$

$$\overline{P}_e = \sum_{j=1}^{k} P_j^2 = \sum_{j=1}^{k} \left(\frac{1}{Nn} \sum_{i=1}^{N} n_{ij} \right)^2 \qquad (4-3)$$

Fleiss Kappa 系数计算结果一般为 $-1\sim1$，但通常为 $0\sim1$，一般分为 5 组来表示不同等级的一致性：$0\sim0.20$（极低的一致性）、$0.21\sim0.40$（一般的一致性）、$0.41\sim0.60$（中等一致性）、$0.61\sim0.80$（高度一致性）、$0.81\sim1$（几乎完全一致）。在标记的数据结果中，$\overline{P}=0.93$，$\overline{P}_e=0.44$，$T=0.87$，标记的数据集几乎完全一致，从而保证了数据集标注的可靠性。

4. 数据存储

为了方便后续能够自动地将测试集中的实体识别出来，文中采用 Spacy 工具中定义的实体规则来识别缺陷报告中的实体。Spacy 中提供了基于字符匹配的短语模式（phrase patterns），该模式可以通过规定的规则来匹配文本中指定的单词或短语，EntityRuler 是 Spacy 工具中的管道组件，可以向 patterns 字典中添加命名实体，patterns 字典包含两个键："label" 和 "pattern"，其中 "label" 用来指定模式匹配时的实体标签，"pattern" 是匹配模式，从而实现功能更强大的 Spacy 管道。如抽取文本中的词语 "security" 或 "sql injection"，则需制定单词的标签 "label"，以及匹配的规则 "pattern"，如图 4-7 所示。

```
{"label": "SBT", "pattern": [{"LOWER": "sql"}, {"LOWER": "injection"}]}
{"label": "SBK", "pattern": [{"LOWER": "security"}]}
```

图 4-7　基于字符匹配的短语模式

这里将数据源中人工识别的实体存储在一个 json 文件中，如图 4-8 所示，以方便在后续的工作中对实体的识别。

4.2.3　关系抽取

通过人工的方式进行实体筛选后，将每个实体进行类别划分，本书开始分析如何对实体之间的关系进行处理。通过自然语言的描述可以清楚地找到实体和实体之间的关系。关系类型的构造和实体类型的构造基本相似，不同的是在关系名称的后面要加上单词 "Relation" 的缩写 "R" 来结束，这样可以清楚地分辨实体类型和关系类型。在软件安全领域中，面向软件关键词之间关系的抽取主要是针对安全缺陷类型、安全关键词、安全相关动词等。如 Camel 数据集中编号为 194 的缺陷报告中的描述信息 "Due to improper sanitization MedData HBYS software suffers from a remote SQL injection vulnerability"，由于清理不当，MedData HBYS 软件存在远程 SQL 注入漏洞，包含的实体有 "improper" "sanitization" "MedData HBYS" "SQL in-

```
{"label": "SBV", "pattern": [{"LOWER": "attack"}]}
{"label": "SBK", "pattern": [{"LOWER": "security"}, {"LOWER": "vulnerability"}]}
{"label": "SBK", "pattern": [{"LOWER": "database"}, {"LOWER": "password"}]}
{"label": "SBS", "pattern": [{"LOWER": "csv"}]}
{"label": "SBK", "pattern": [{"LOWER": "error-details"}]}
{"label": "SBK", "pattern": [{"LOWER": "security"}, {"LOWER": "fail"}]}
{"label": "SBT", "pattern": [{"LOWER": "memory"}, {"LOWER": "issue"}]}
{"label": "SBK", "pattern": [{"LOWER": "setup-security"}]}
{"label": "SBT", "pattern": [{"LOWER": "memory"}, {"LOWER": "leak"}]}
{"label": "SBK", "pattern": [{"LOWER": "secure"}, {"LOWER": "configs"}]}
{"label": "SBT", "pattern": [{"LOWER": "arrayindexoutofboundsexception"}]}
{"label": "SBT", "pattern": [{"LOWER": "permission"},{"LOWER": "error"}]}
{"label": "SBK", "pattern": [{"LOWER": "spring"},{"LOWER": "security"}]}
{"label": "SBK", "pattern": [{"LOWER": "J"},{"LOWER": "error"}]}
{"label": "SBK", "pattern": [{"LOWER": "leak"}]}
```

图 4-8　实体语料库

jection"等。根据上下文语义可以得到"MedData HBYS"与"SQL injection"是存在关系,"improper sanitization"和"SQL injection"为因果关系。

依存语法(dependency grammar)研究词汇之间的关系,主要研究以谓词为中心进行构句时,深层语义结构映射为表层句法结构的状况及条件、谓词与体词之间的同现关系,并以此为依据,对谓词的次类进行了划分。如图 4-9 所示为缺陷报告中词汇之间的依存关系。句子中词汇与词汇之间的各种关系构成了句子的语法结构,称之为依存关系(dependencies),具有依存关系的两个词被称为修饰词(dependent)和被修饰词修饰的核心词(head)。

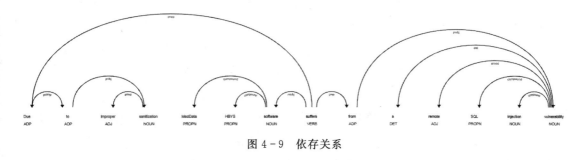

图 4-9　依存关系

如果按照语义之间多个实体之间的关系来建立关系,无疑会使构建知识图谱关系的工作难度大大增加,在安全缺陷报告领域,通过对大量缺陷报告的阅读发现,缺陷报告的摘要和描述部分可以总结为某个软件的某个版本存在某个类型的问题,以及一些对缺陷类型的修饰。所以本书在句子依存关系的基础上,针对软件安全实体在文本上下文中存在的实体关系进行了泛化,从而将实体类型之间的关系确定下来,将每一个实体类型作为一个抽象实体,并建立该类型的实体与相应的实体类型的关系。主要包括包含关系(Include Relation)、因果关系(Cause And Effect Relation)、短语关系(Phrase Relation)、先后关系(Before And After Relation)、同类关系(Same Words Relation)、其他关系(Other Relation),实体关系类型如表 4-8 所示。

表 4-8　实体关系类型

关系类型	类型标签	解释
包含关系(Include)	IN-R	实体之间存在包含关系
因果关系(Cause And Effect)	CE-R	实体之间存在 can、cause、suffer、by 等词汇时
短语关系(Phrase)	PH-R	实体之间构成短语
同类关系(Same Words)	SA-R	一词多义
先后关系(Before And After)	BA-R	实体之间无其他关键词
其他关系(Other)	OT-R	其他关系

因此对于描述信息"Due to improper sanitization MedData HBYS software suffers from a remote SQL injection vulnerability",根据实体语料库进行实体识别后,可以找到"improper sanitization""suffer""SQL injection""vulnerability"这四个安全相关实体,它们的类型分别为 SBK、SBV、SBT、SBK。首先建立这四个实体之间的关系:"improper sanitization"和"SQL injection"之间由动词"suffer"隔开,所以它们之间的实体关系为因果关系 CE-R;"SQL injection"和"vulnerability"之间没有识别到其他实体词汇,所以它们的关系为并列关系 BA-R;词组"improper sanitization"中"improper"和"sanitization"共同组成安全关键词组,所以为同类关系 PH-R,所以"SQL"和"injection"之间也为同类关系 PH-R,并且此时"SQL"不是 SBS 类型而是 SBK 类型;"SQL injection"是一个词组属于安全类型 SBT,而单独看"SQL""injection"又分别属于 SBS 软件名,SBK 安全关键词,但是当"SQL""injection"同时出现在句子中时,组成了安全关键词,因此,此时"SQL"和"injection"的类型同为 SBK,并且它们之间的关系为词组关系 PH-R,因为它们共同组成了关键词"SQL injection",并且"SQL injection"要与"SQL"和"injection"建立词组关系 PH-R;"SQL injection"属于安全类型 SBT,其他的安全相关词都是用来修饰这一安全类型的,因此"SQL injection"要与其他未连接的实体之间建立关系,因此"SQL injection"和"suffers"之间的关系为其他关系 OT-R。

在知识图谱的构建过程中,使用三元组去表示知识图谱是最方便和常用的方法。使用三元组可以表示两个实体的关联关系,或者实体、关系之间携带的属性值。每个实体和关系之间都会有一个对应的关系进行表示,所以最终得到的关系列表如表 4-9 所示。

表 4-9 实体关系表

关键词 A 类型	关键词 A	关系	关键词 B	关键词 B 类型
SBK	improper sanitization	CE-R	SQL injection	SBT
SBT	SQL injection	BA-R	vulnerability	SBK
SBK	improper	PH-R	sanitization	SBK
SBK	SQL	PH-R	injection	SBK
SBK	SQL injection	OT-R	suffers	SBV

4.2.4 实体统一

多源异构数据在集成的过程中,通常会出现一个现实世界实体对应多个实体的现象,导致这种现象发生的原因可能是拼写错误、命名规则不同、名称变体、缩写等。而这种现象会导致集成后的数据存在大量冗余数据、不一致数据等问题,从而降低了集成后数据的质量,进而影响了基于集成后的数据做分析挖掘的结果。实体统一是指同一个实体有不同的表达方式,需要将不同表达方式统一为同一种表达方式。在关键词语义知识图谱构建过程中,经过实体抽取和关系抽取之后,可以获得较多的实体以及实体关系。然而,在实体抽取和关系抽取的过程中,可能会存在一些冗余或错误的信息,导致后续知识图谱的构建存在问题。相同的实体在不同的文本中表示不同的实体或者不同的单词、缩写表示同一个意思的现象,实体识别的结果很难直接加入到知识图谱中,例如空指针异常"null pointer exception"在不同的缺陷报告中可能被书写成"nullpointer""nullpionterexception""npe"等,这将导致相同类型的实体在知识图谱中具有不同的节点,因此必须对实体识别的结果进行统一。

在安全缺陷领域中,缺陷报告中与安全相关的词汇并不多,为了保证实体抽取和关系抽取的正确性,本书采取人工的方式对安全相关实体进行了分类,将表示同一个含义的实体放在同一组集合中,并使用同一个实体名称来表示这些实体,例如"nullpointer exception""nullpionterexception""npe""null pointer exception"等实体,它们都表示空指针异常,因此统一使用"nullpionterexception"来表示该实体,并将"nullpionterexception"与"nullpointer exception""npe""null pointer exception"实体之间的关系表示为同类 SA-R,关系表如表 4-10 所示。

表 4-10 实体统一结果

关键词 A 标签	关键词 A	关系	关键词 B	关键词 B 标签
SBT	nullpionterexception	SA-R	nullpointer exception	SBT
SBT	nullpionterexception	SA-R	npe	SBT
SBT	nullpionterexception	SA-R	null pointer exception	SBT

4.2.5 语义知识图谱存储

随着数据的爆炸式增长,SQL 类型数据库读写性能较差,无法满足生产的要求。Neo4j 数据库具有良好的性能表现、方便的图查询检索能力、内置有多种高效的算法。软件安全关键词语义知识图谱旨在挖掘安全相关实体之间的关系。在安全知识图谱构建完成后，需要将知识存储在数据库中以方便后续的使用和展示。图数据库可以有效地解决这些问题，因此本书采用 Neo4j 图数据库来存储知识，使用 Neo4j 图数据库中的节点和边来保存信息。

通过一个 Python 脚本来完成知识图谱的转换，将知识表示中的实体和关系转变为知识图谱中对应的节点和边。在实体类构建时，实体中包含了当前实体类的类别名称以及实体名，在知识图谱中的节点通过"name"属性和"type"属性来完成实体类的对应关系，并且在 Neo4j 中每个实体还有一个自动添加的唯一"id"属性，实体与 Neo4j 实体节点的对应关系如图 4 - 10 所示。

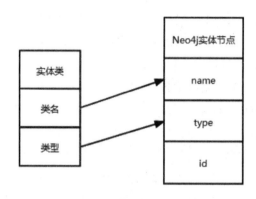

图 4 - 10　实体与 Neo4j 实体节点的对应关系

具体的创建流程是通过实体表进行创建，将从文本中抽取的实体保存到文件中，然后去读取实体表信息。首先查询该实体是否在图数据库中，如果不存在则创建该实体，如果存在则跳过当前实体创建下一个实体，直到所有的实体创建完毕。Neo4j 数据库为各类开发语言提供了访问数据库的驱动包，Python 连接 Neo4j 数据库需要使用 Py2neo 驱动包，使用对应的 Cypher 语句即可创建和查询节点。实体在 Neo4j 的节点如图 4 - 11 所示。

图 4 - 11　Neo4j 实体节点

在实体节点创建完毕后，再开始执行实体之间关系的创建。首先读取实体之前的关系表，根据关系表之间,实体和实体之间的三元组信息去完成实体关系的创建,如图 4 - 12 所示。

图 4 - 12　三元组关系

4.2.6　语义知识图谱可视化

前面小节介绍了实体抽取、关系抽取、实体表示、数据存储的具体实现方式,本节主要讲解一个安全缺陷报告构建知识图谱的具体过程。首先将安全缺陷报告中的文本信息进行预处理,具体包括分词、词性还原、实体抽取。将抽取后的实体放在一个 json 文件中,以方便后续实体的识别。最后再根据实体和实体之间关系文件建立知识图谱。如对于缺陷报告 Ambari - 262,如表 4 - 11 所示。首先对缺陷报告进行实体抽取,抽取结果如表 4 - 12 所示,将得到的实体进行关系抽取,得到表 4 - 13 所示的关系抽取结果,最后使用 Neo4j 对知识进行存储,得到图 4 - 13 的知识图谱。

表 4 - 11　缺陷报告 Ambari - 262

ID	Ambari - 262
Summary	Init Wizard：Advanced Config validation errors can be bypassed
Description	Make the Naigos password (and re-type password) different so as you cause a validation error. This will let the user move on to the next screen by ignoring all other validation errors on this page.

表 4 - 12　实体抽取结果

实体	类型
validation error	SBT
bypass	SBK
caus	SBV
ignor	SBV
password	SBK
naigo	SBS

表 4 - 13　关系抽取结果

关键词 A 类型	关键词 A	关系	关键词 B	关键词 B 类型
SBT	validation error	CE-R	bypass	SBK
SBS	naigo	IN-R	validation error	SBT
SBK	password	CE-R	validation error	SBT
SBT	validation error	OT-R	cause	SBV
SBT	validation error	OT-R	ignor	SBV
SBT	validation error	IN-R	validation	SBK
SBT	validation error	IN-R	error	SBK
SBK	validation	PH-R	error	SBK

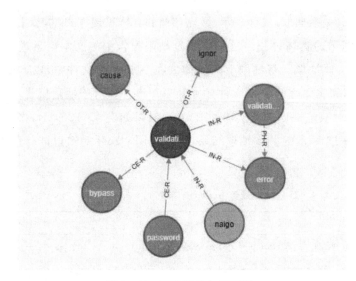

图 4 - 13　缺陷报告知识图谱

扫码看彩图

　　经过上述过程,成功地将安全缺陷报告转换为知识图谱进行表示。本书将三个不同来源的安全领域知识进行了融合,最终构建了完整的关键词语义知识图谱,图 4 - 14 所示为知识图谱的部分截图,橙色部分是一个与安全相关的词汇表,蓝色部分是软件名称,棕色部分是安全缺陷类型。在知识图谱中,可以得到每个安全词汇之间的关系,所以可以通过词汇和词汇本身之间的关系来预测安全缺陷报告。而在知识图谱中,安全关键词所连接的边越多,当前词汇的使用率越高。关键词语义知识图谱对后续安全缺陷报告的识别奠定了基础。

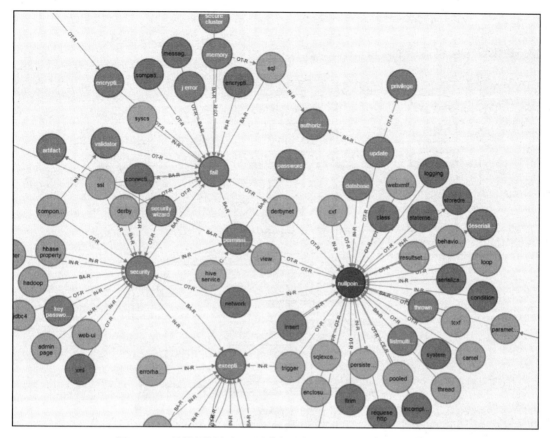

图 4 - 14　关键词语义知识图谱部分截图(彩图扫 88 页二维码)

4.3　基于知识图谱的安全缺陷报告识别方法

　　安全缺陷报告预测是指根据缺陷报告所描述信息是否与安全漏洞相关,将缺陷报告划分为安全缺陷报告和非安全缺陷报告。如果这些安全漏洞没有被及时修复,则可能会造成系统崩溃、财产损失、信息泄露等问题,因此在修复软件漏洞时应优先修复这些安全缺陷报告。然而随着软件规模的扩大,缺陷报告的数量也越来越多,仅靠人工的方式从缺陷报告中识别安全缺陷报告是不符合实际的。

　　目前安全缺陷报告的识别方法主要是利用缺陷报告中的文本信息和人工标注的类别标签来训练分类模型,从而完成安全缺陷报告的自动识别,然而安全缺陷存在着特征提取困难、缺乏关键词语义关系和类别不平衡的问题,并且由于不同的安全缺陷类型存在着不同的安全特征,因此传统的基于关键词的机器学习方法识别性能较差。针对这些问题,本书提出了一种基于关键词语义的安全缺陷报告识别方法——SBRKG,该方法将知识图谱技术应用到安全缺陷报告识别领域中,并结合了子图匹配等相关技术,挖掘出安全关键词中潜藏的语义规则和知识,从而快速准确地识别出缺陷报告中的安全缺陷报告。

4.3.1 方法框架

SBRKG 方法包括四个阶段,主要步骤如图 4 – 15 所示。

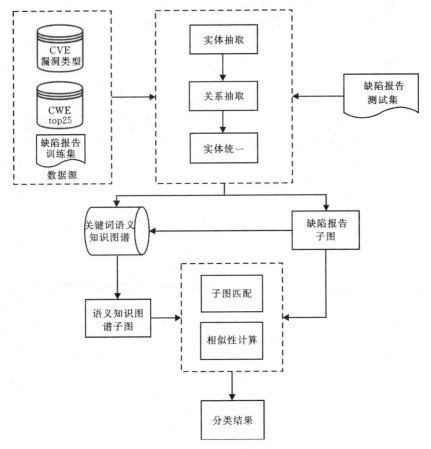

图 4 – 15　SBRKG 方法框架

(1)基于规则的关键词提取。Spacy 中提供了基于字符匹配的短语模式,该模式可以通过既定的规则来匹配文本中指定的单词或短语。通过利用关键词语义知识图谱中的关键词信息,建立识别实体的规则,从而识别出缺陷报告中与安全相关的实体,并通过实体统一将相同意思的实体进行统一。

(2)缺陷报告子图建立。根据缺陷报告文本中句子的依存分析和关系抽取规则,建立关键词实体之间的关系,从而生成缺陷报告子图。

(3)语义知识图谱子图建立。通过缺陷报告子图的实体关系,从语义知识图谱中查询与缺陷报告中安全关键词实体相连的并且关系为指定关系的实体集合,最终得到语义知识图谱子图。

(4)安全缺陷报告识别。通过子图匹配和图的相似度匹配方法来计算缺陷报告子图节点和语义知识图谱子图节点之间的相似度,从而识别缺陷报告中与安全相关的安全缺陷报告。

4.3.2　基于规则的关键词提取

基于规则的关键词词典匹配方法是命名实体识别中最早使用的方法,该方法主要根据领域知识,通过人工的方式建立词法和语法规则,构造规则模板,选用的特征包括统计信息、标点符号、中心词等信息。一般而言,当提取的规则能比较准确地符合语言现象时,基于规则的方法要优于基于统计的方法。这种方法在数据量较小,且规则较少时具有较好的效果,实现也比较简单,也可以得到较高的准确率。

在安全缺陷报告识别领域中,与安全相关的关键词并不多。本书在语义知识图谱构建的过程中对安全关键词进行了存储,因此采用语义知识图谱中的节点作为安全相关关键词。并采用 Spacy 工具中定义的实体规则来识别缺陷报告中的实体。Spacy 中提供了基于字符匹配的短语模式(phrase patterns),该模式可以通过规定的规则来匹配文本中指定的单词或短语,EntityRuler 是 Spacy 工具中的管道组件,可以向 patterns 字典中添加命名实体,patterns 字典包含两个键:"label"和"pattern",其中"label"用来指定模式匹配时的实体标签,"pattern"是匹配模式,能够与基于规则和统计方式的命名实体识别方法相结合,从而实现功能更强大的Spacy 管道。如抽取文本中的词语"security"或"sql injection",则需制定单词的标签"label",以及匹配的规则"pattern"。使用 Spacy 读取设定好的识别规则,从而识别出缺陷报告中与安全相关的关键词实体。

在知识图谱构建过程中,本书将不同的实体按照类别进行了分类,分为 SBT(缺陷类型)、SBK(安全相关词)、SBS(软件名)、SBV(动词)、SBO(其他)五个类别,但是在安全缺陷报告的预测中,SBS 与安全缺陷报告的识别无关,因此这里只关注 SBT、SBK、SBV、SBO 四个类别的词汇。为了从缺陷报告中识别与安全相关的关键词,首先从缺陷报告中将 SBT、SBK、SBV、SBO 标签的词语提取出来,因为在安全缺陷报告中,这些类型词语会用来描述安全缺陷产生的原因。在安全缺陷领域中,很多专业名词是由词组构成的,需要将缺陷报告中的词组信息提取出来,并且在缺陷报告描述中,一些与安全相关的词可能会写成缩写或者不同的形式,因此需要通过实体统一将这些词汇用相同的词汇表示。基于规则的关键词提取方法具体流程如图4-16 所示,具体步骤如下。

(1)文本预处理。使用文本分词工具,根据词性、常用短语、上下文结构将文本信息分割。

(2)提取关键词。使用关键词语义领域知识图谱提取句子中 SBT、SBK、SBV、SBO 类型的词语,得到一个初始词语集合 $S = \{w_1, w_2, \cdots, w_n\}$。如 Derby 数据集中 id 号 680 的安全缺陷报告中的文本信息为"NPE is thrown in ij when executing prepared statement which has numeric/decimal parameters does not return any result setRepro for this problem is the test lang/cast. sql. ",进行命名实体识别后,得到如图 4-17 所示得到关键词集合 $S=\{npe, throw, execute, parameterm, problem\}$。

(3)实体统一。对于实体关键词集合 $S = \{w_1, w_2, \cdots, w_n\}$,关键词中可能会存在多词一义的情况,因此对于关键词集合 S 中每一个关键词使用 Cypher 语句从安全关键词语义知识

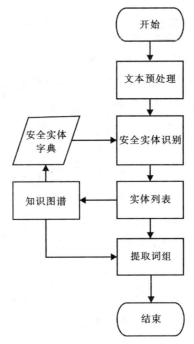

图 4 - 16　基于规则的关键词提取流程图

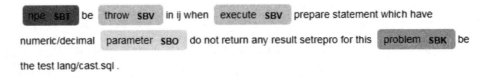

```
npe SBT
throw SBV
execute SBV
parameter SBO
problem SBK
```

图 4 - 17　实体识别结果

图谱中查询是否存在实体之间的关系为 SA-R 的节点，如果存在，则将当前关键词替换为实体统一后的关键词。如对于关键词"npe"，使用查询语句"Match(n:SBT {name:"npe"})-[:'SA-R']-(m) return n,m"后，得到如图 4 - 18 所示结果，因此将关键词"npe"替换为"nullpionter-exception"，得到最终关键词集合 $KW = \{kw_1, kw_2, \cdots, kw_n\}$。

基于规则的实体抽取算法如下

算法 1：基于规则的实体抽取算法

输入：缺陷报告文本句子集合 R，安全知识图谱 G，关键词语料库 D

输出：关键词集合 $KW(S) = \{w_1, w_2, \cdots, w_k\}$

/ * 创建 EntityRuler * /

```
ruler = nlp. create_pipe("entity_ruler")
```
/＊ 读取识别规则 ＊/

```
new_ruler = ruler. from_disk("ruler. jsonl")
```
/＊ 添加识别规则 ＊/

```
nlp. add_pipe(new_ruler)
KW＝{}
For text ∈ R do：
```
/＊ 抽取实体 ＊/
```
    doc = nlp(text)
    For ent∈ doc. ents do：
        w = {ent. text，ent. label}
        KW. append(w)
    End For
End For
For w in KW do：
```
/＊ 查询语句 ＊/
```
    m = Match (n：SBT {name：w}) -[：'SA-R']-(m) return n,m
    IF m≠φ：
        w = m
    End IF
End For
```

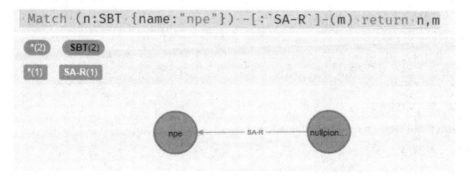

图 4-18　查询结果

4.3.3　语义知识图谱子图建立

在知识图谱使用的过程中,需要根据缺陷报告子图去查询语义知识图谱中相关联的节点,从而建立语义知识图谱子图,具体步骤如下。

(1)提取三元组信息。从缺陷报告子图中提取三元组信息,得到关系集合 $R(S) = (r_1, r_2, \cdots, r_k)$。

(2)实体和关系的查找。通过对 Cypher 语句的编写,可以进行实体和关系的查找,首先通过 Match 语句进行匹配,使用"()－[]－()"查找图数据库中存储的关系,并通过指定"[]"中的具体关系来进行实体关系的限制,where 语句可以进行实体名称的限制,最终通过 return 返回所有满足条件的结果。因此对于关系集合 $R(S) = (r_1, r_2, \cdots, r_k)$,从 Neo4j 图数据库中查询与实体 A 相连的并且关系为指定关系的实体,例如实体 A 和实体 B 之间的关系为 BA-R,则从语义知识图谱中查询与实体 A 相连的关系为 BA-R 的三元组信息并返回节点的类型为 SBK(安全关键词)的节点。在实体和关系的查询过程中这里只关注 SBK、SBV、SBT 三种类型的安全关键词,因为当安全缺陷报告中不存在与安全缺陷类型 SBT 时,安全关键词对缺陷报告的判别影响最大。

(3)语义知识图谱子图建立。将上一步查询得到的三元组关系构成语义知识图谱子图。语义知识图谱子图构建算法如下。

算法 2:语义知识图谱子图构建算法

输入:语义知识图谱 G,缺陷报告子图 G_1

输出:语义知识图谱子图 G_2

IF $G_1 \neq \varphi$:

　　得到关系集合 R(S)＝(r_1,r_2,...,r_k)

EndIF

Rel ＝ {},G_2＝{}

For r∈R(S) do:　　　　　　　　/＊ 遍历关系集合 ＊/

　n1 ＝ r.node1

　rel ＝ r.relation

　type ＝ r.type

　n,m ＝ Match (n: AD {name:n1}) － [:rel] － (m: type) Return n,m　　/＊ 执行 Cypher 语句,查询节点 ＊/

　　IF m≠φ:

　　　Rel.append(n,m)

　　End If

```
End for
For rel in Rel do：
    relationship = Relationship(node1,rel,node2)    /* 建立节点关系 */
    G₂. create(relationship)
End for
```

4.3.4 安全缺陷报告预测的实现

当缺陷报告子图中只存在一个或部分安全相关词时,并不能准确地判断是否为安全缺陷。有些安全关键词可能出现在安全缺陷报告中,也有可能出现在非安全缺陷报告中,这些词属于安全交叉词,并且当多个非安全相关词组合在一起或者部分安全词汇和非安全词汇组合在一起时,也会组成一个安全缺陷报告。部分缺陷报告所构成的缺陷报告子图只含有一个节点,因此无法只通过比较缺陷报告子图和语义知识图谱子图的相似性来判断缺陷报道是否为安全缺陷报告。子图匹配是将目标小图中的实体和关系在大图上进行实体和关系的匹配,用来确定是否存在结构相同或者主体相同的技术。因此,在获得缺陷报告子图后,需要转换成可以在图数据结构中查找的实体和关系,转换为知识图谱中的检索和查询语句,然后在知识图谱中进行查找,如果存在一个指向某个安全缺陷类型关系的同名节点,则认为该依赖关系中存在安全问题,进而推理出待检测缺陷报告存在安全问题。在安全缺陷报告的识别过程中,安全缺陷类型实体 SBT 代表不同的安全缺陷类型,每个 SBT 实体又被多个安全相关词 SBK、SBV、SBO 进行修饰,并且根据 SBT 实体与其他实体之间存在语义关系来检测安全缺陷报告。安全缺陷类型实体对于安全缺陷报告的检测至关重要,因此本书将知识图谱中由 SBT 所构成的节点作为核心节点。SBT 类型关键词是 CVE 标准定义的安全类型,并且是所连接的关系最多的节点,本书将这些词汇定义为安全核心词,当缺陷报告子图中可以匹配到安全核心词时,则认为该缺陷报告属于安全缺陷报告。安全核心词列表如表 4 - 11 所示。

表 4 - 11 安全核心词列表

安全核心词列表
validation error、memory leak 、nullpointerexception、improper memory handling、privacy leakage、improper permission、overflow、sql injection、xss、memory Corruption、csrf、denial of service、code execution

本书使用子图匹配和相似度计算两种方式相结合的形式来识别安全缺陷报告,SBRKG 方法的安全缺陷报告识别方法主要有两个阶段。

1. 子图匹配

子图匹配检测方法主要通过 Neo4j 的图数据库查询语句实现,运行查询语句后,图数据库将返回匹配的结果,如果返回的结果为空节点或者空关系,则表示该缺陷报告不属于安全缺陷报告;如果返回的结果中存在匹配的节点和关系,则表示该缺陷报告属于安全缺陷报告。通过Cypher 语句可以实现实体节点和关系的查找。用 Match 语句设置匹配的语句,然后使用"()-[]-()"设置实体之间对应的关系,在"[]"中添加具体关系来限制匹配的关系,where 语句可以对实体节点进行条件限制,最终通过 return 子句将结果 p 返回。图 4-19 所示是本研究在检测过程中使用的真实语句,通过查询缺陷报告子图中对应的关系,来查找是否存在安全核心词 SBT。在本书中条件匹配语句主要用来检测待检测缺陷报告中安全缺陷类型 SBT、安全相关关键词 SBK、安全相关动词 SBV 的连接关系。最后根据查询结果判断其是否为安全缺陷报告。如图 4-19 所示,通过 Cypher 查询语句得到了缺陷报告子图中相连接的安全节点,并且最终指向安全核心词 SBT,则表示该缺陷报告属于安全缺陷报告。如图 4-20 所示为执行查询语句后得到的所有实体关系及节点。

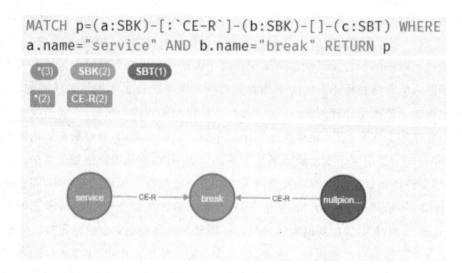

图 4-19　查询语句结果

```
"p"
[{"name":"service"},{},{"name":"break"},{"name":"break"},{},{"name":"nullpionterexception"}]
```

图 4-20　返回结果

2. 子图相似性计算

当子图匹配方法无法识别出安全缺陷报告时,在获取到缺陷报告的子图后,本研究通过计算缺陷报告子图与语义知识图谱子图的相似度,从而识别出缺陷报告中的安全缺陷报告。余弦相似度是一个向量空间的两个向量之间相似度的度量,用于度量它们之间夹角的余弦。余弦相似度值为 0~1,这个值越接近 1,就越相似。余弦相似性是有效的,例如单词"bug"在一个句子中出现 8 次,在另一个句子中出现 1 次,它们之间的角度可能仍然很小,角度越小,其相似性就越高。因此本书通过计算缺陷报告子图节点与安全缺陷报告子图节点之间的相似性来识别安全缺陷报告,在余弦相似度的计算中需要设定一个阈值,如果相似度大于阈值,则认为它是一个与安全相关的缺陷报告。这个参数会对安全缺陷报告的识别产生影响,所以本章将在实验部分设置不同的参数值,进一步讨论阈值对安全缺陷报告识别的影响。

4.4　性能评估

4.4.1　数据集描述

为了方便与 Wu 等人[126]和 Peter[118]等人的方法进行比较,本实验使用的数据集为 Wu 等人清理和共享的 5 个数据集,分别是 Ambari、Camel、Derby、Wicket 和 Chromium 数据集,用来验证知识图谱的有效性。其中 Ambari、Camel、Derby 和 Wicket 4 个数据集都来自 Apache,并且都属于 JIRA 缺陷管理系统。Ambari 是关于 Apache Hadoop 集群的可视化接口。Camel 指定了专业领域语言的路由以及规则的建立。Derby 是一个使用 Java 语言开发的轻量级的数据库。Wicket 是一个由 Java 语言开发的 Web 框架。Chromium 数据集来自 2011 年软件挖掘存储库会议。

本实验中的每个数据集都是由 CSV(comma-separated values)格式的文件存储,该文件中每一行代表一个缺陷报告,每一列代表缺陷报告的一项信息,主要使用的信息包括摘要信息、描述信息、安全标签等。如果该缺陷报告是安全缺陷报告,则标记为 1,否则为 0。本实验遵循 Wu 等人[126]和 Peter 等人[118]的工作将数据分成两个相等的部分(即各 50%),第一部分作为训练集,另一部分作为测试集。数据集的详细信息见表 4-12 所示。

表 4-12　安全缺陷报告数据集识别信息

数据集	缺陷报告数量	安全缺陷报告数量	非安全缺陷报告数量	安全缺陷报告所占比例/%
Chromium	41 940	808	41 132	1.93
Ambari	1000	56	944	5.6
Camel	1000	74	926	7.4
Derby	1000	179	821	17.9
Wicket	1000	47	953	4.7

4.4.2　基线方法

为了验证 SBRKG 方法对于安全缺陷报告预测的性能表现,本研究使用 Peter 等人[118]提出的 FARSEC 方法和 Wu 等人[126]提出的 Keywords Matrix 方法作为基线方法。

FARSEC 方法是一个过滤噪声数据的框架,它首先使用特征提取方法 TF-IDF 从安全缺陷报告中提取安全关键词,然后按照安全关键词计算每个缺陷报告的分数,对缺陷报告进行排名,并将排名较高的缺陷报告作为噪声数据,从而过滤掉与安全缺陷报告相似的非安全缺陷报告。在实验验证中,他们将关键词的数量设置为 100,并设置阈值为 0.75,将阈值大于0.75的非安全缺陷报告过滤。分别使用 k 最邻近、朴素贝叶斯、逻辑回归、随机森林方法作为分类器来评估了 FARSEC 方法对 5 个不同数据集的有效性。

Wu 等人[126]在 Farsec 方法的基础上提出了 Keywords Matrix 方法,他们通过使用 CWE 的名称、CWE 的描述、CWE 的扩展描述和每个项目的 CVE 信息来提取关键词并生成一个关键词矩阵来预测安全缺陷报告,并分别使用常见的机器学习分类算法来验证 Keywords Matrix 方法的有效性。

本书提出的基于知识图谱的安全缺陷识别方法 SRRKG 与他们的方法最为相似,因此使用 FARSEC 和 Keywords Matrix 两种方法中的实验结果最好的方法作为本研究的基线方法,来验证 SBRKG 方法的有效性。

4.4.3　实验设计

为了评估 SBRKG 方法在安全缺陷报告识别过程中的有效性,以及更全面地分析方法的优劣势,我们设计了以下几个研究问题。

RQ1:语义知识图谱如何影响安全缺陷报告预测的有效性?

SBRKG 方法通过使用语义知识图谱来提高安全缺陷报告识别的有效性。通过基于规则的命名实体识别从安全缺陷报告中提取关键词,建立实体关系并生成缺陷报告子图和语义知识图谱子图来预测安全缺陷报告。

RQ2:安全领域知识能在多大程度上提高安全缺陷报告预测的有效性?

为了提高安全领域知识的多样性,本研究结合了从两个不同的来源(即 CWE 和 CVE)中提取的安全关键词,使用知识图谱来完成安全缺陷报告的预测,并将 SBRKG 方法的预测结果与 FARSEC 和 Keywords Matrix 两种方法对比来验证 SBRKG 方法的有效性。

4.4.4　实验结果与分析

RQ1:语义知识图谱如何影响安全缺陷报告预测的有效性?

为了回答 RQ1,SBRKG 方法首先使用语义知识图谱中的安全关键词语料库,在测试集上执行基于规则的关键词提取,将得到的关键词集合根据句法依存关系,以及关系抽取准则建立缺陷报告子图,然后利用缺陷报告子图去语义知识图谱中查询语义知识图谱子图。最后通过子图匹配和图的相似度方法来预测安全缺陷报告。如表 4-13 所示为 Ambari 数据集中 id 为 3911 的缺陷报告中,句子中词汇与词汇之间的各种关系构成句子的语法结构。根据关系抽取的规则提取出关键词实体之间的三元组关系,经过实体提取和关系抽取后得到如图 4-21 所示的缺陷报告子图。

表 4 - 13　缺陷报告 Ambari - 3911

ID	3911
Summary	Security Wizard：Service Configuration page is broken
Status	Verified(Closed)
Description	Trying to enable security the configurations page is blank.

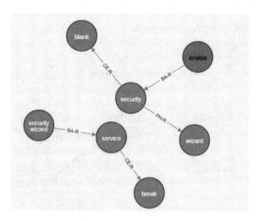

图 4 - 21　缺陷报告子图

　　在得到缺陷报告子图后，根据缺陷报告子图中的三元组关系从语义知识图谱中查询相关联的实体节点，如表 4 - 14 所示为执行 Cypher 语句"Match(n：AD {name:"security"}) -[:'CE-R']-(m：AD)"后，得到的与安全关键词 security 相连接并且关系为 CE-R 的实体。从而得到如图 4 - 22 所示的语义知识图谱子图。

表 4 - 14　查询与关键词 security 相连接的实体

"n"	"m"
{"name"："security"}	{"name"："permission"}
{"name"："security"}	{"name"："exception"}
{"name"："security"}	{"name"："break"}

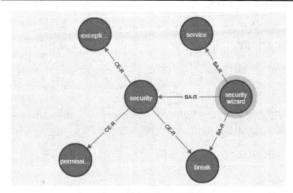

图 4 - 22　语义知识图谱子图

最后通过子图匹配和图的相似度匹配算法来预测安全缺陷报告。SBRKG 方法在图的相似性匹配过程中需要设定一个阈值,因为图的相似性匹配范围为 0～1,阈值的选取不能太大或者太小。若阈值太小与漏洞知识图谱节点或者关系稍微有相似的节点就会认为是相似的部分,判定为安全缺陷报告,会导致误报率很高。若阈值取值过大,误报率会减小,漏报率较高,召回率较低。以 Ambari 数据集为例,在 Ambari 数据集中分别选取不同的阈值,得到了如图 4-23 所示的召回率和精度的关系图,由图可知,阈值的大小设定为 0.5 比较合适,当相似度大于 0.5 时,则认为是安全缺陷报告,否则为非安全缺陷报告。

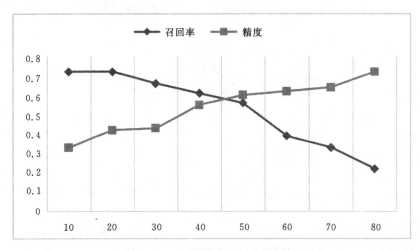

图 4-23　不同阈值对性能的影响

为了证明关键词语义知识图谱可以提高安全缺陷报告预测的有效性,本研究在 5 个数据集上分别使用 SRRKG 方法来进行预测实验,并与 FARSEC 和 Keywords Matrix 两种方法中最好的情况进行对比,实验结果如表 4-15 所示。

表 4-15　实验结果

目标数据集	方法	召回率	pf	准确率	F1 值	G-measure
Ambari	FARSEC	0.50	0.07	0.19	0.28	0.65
	Keywords Matrix	0.18	0.01	0.56	0.27	0.30
	SRRKG	**0.56**	**0.01**	**0.60**	**0.58**	**0.71**
Camel	FARSEC	0.33	0.12	0.21	0.26	0.48
	Keywords Matrix	0.27	0.02	0.50	0.35	0.42
	SRRKG	**0.74**	**0.04**	**0.64**	**0.69**	**0.83**
Derby	FARSEC	0.84	0.54	0.27	0.41	0.60
	Keywords Matrix	0.71	0.08	0.67	0.69	0.80
	SRRKG	**0.73**	**0.05**	**0.76**	**0.74**	**0.82**

续表

目标数据集	方法	召回率	pf	准确率	$F1$ 值	G-measure
Wicket	FARSEC	0.52	0.05	0.34	0.41	0.67
	Keywords Matrix	0.42	0.00	0.91	0.57	0.59
	SRRKG	**0.70**	**0.00**	**0.80**	**0.74**	**0.82**
Chromium	FARSEC	0.66	0.00	0.95	0.78	0.79
	Keywords Matrix	0.74	0.00	0.91	0.81	0.85
	SRRKG	**0.77**	**0.00**	**0.88**	**0.82**	**0.87**

RQ2：安全领域知识能在多大程度上提高安全缺陷报告预测的有效性？

为了回答 RQ2，这里使用语义知识图谱来提高安全缺陷报告预测的准确性，得到了更好的结果。为了保证实验结果的准确性，语义知识图谱使用 CWE 前 25 个最危险的类别和 CVE 漏洞类型的相关领域知识来扩展语义知识图谱。从知识图谱中，可以直接获得与安全相关的词汇表，从而提升了 SBRKG 方法的准确性。

图 4 - 24 和图 4 - 25 更为直观地展示了 FARSEC 和 Keywords Matrix 方法与本方法在 5 个不同的数据集上召回率和 $F1$ 值指标的对比。由图 4 - 24 可以看出本方法在 Ambari、Camel、Wicket、Chromium4 个数据集上均优于 FARSEC 和 Keywords Matrix 方法，在 Derby 数据集中 SBRKG 方法优于 Keywords Matrix 方法，低于 FARSEC 方法。由图 4 - 25 可以看出，在 5 个数据集上，SBRKG 方法在 $F1$ 值指标上的表现均优于 FARSEC 和 Keywords Matrix 方法，$F1$ 值的最佳值为 0.82，与基线方法 FARSEC 和 Keywords Matrix 方法相比，在 5 个数据集中，$F1$ 值分别平均增加 52% 和 32%。这说明安全领域知识对安全缺陷报告的预测具有

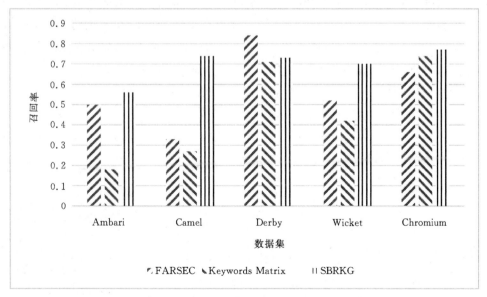

图 4 - 24　召回率对比实验

良好的作用。

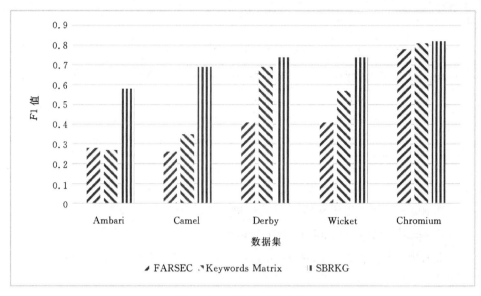

图 4-25　F1 值对比实验

4.5　本章小结

　　针对安全缺陷报告存在着安全关键词提取不准确,缺乏关键词语义关系的问题,本章提出了一种基于知识图谱的安全缺陷识别方法 SBRKG。该方法通过语义知识图谱获取关键词,并通过缺陷报告文本中关键词之间的上下文联系,建立缺陷报告子图和语义知识图谱子图,最后通过子图匹配和图的相似性计算,从而识别出安全缺陷报告。并通过将 SBRKG 方法与 FARSEC 方法、Keywords Matrix 方法进行对比,实验结果表明,在安全缺陷报告识别问题中,基于关键词语义的安全缺陷报告识别方法取得了更好的分类结果。

第 5 章

基于知识图谱的跨项目安全缺陷报告预测方法

5.1　引　言

　　跨项目安全缺陷报告识别是软件维护过程中十分重要的环节,它是指通过不同的源项目找到目标项目缺陷报告中的与安全有关的缺陷报告,以便能够及时修复漏洞,减少损失。但仅靠测试人员和安全工程师人工地从海量缺陷报告中识别出安全缺陷报告,这极其影响软件的开发效率,同时也浪费大量的人力物力。且识别的准确率在很大程度上依赖于有关安全漏洞的知识和经验,对于不同的标记者,由于软件安全知识储备和认知不同,可能出现不同的结果。近年来已有一些自动识别跨项目安全缺陷报告方法的出现,但这些方法在噪声处理上和方法创新上都存在一定的缺陷,所以对安全缺陷报告的漏检率和误报率较高,因此识别效果还有较大的提升空间。

5.2　方法框架

　　本研究结合知识图谱的优势提出的 KG-SBRP(knowledge graph of security bug report prediction)方法在一定程度上提升了检测效果。KG-SBRP 方法整体框架如图 5-1 所示,其中包含 4 个阶段。

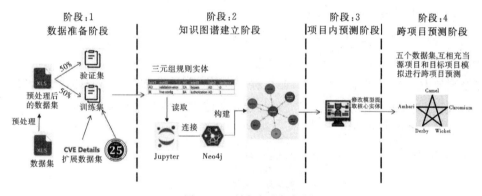

图 5-1　研究方法框架图

　　阶段 1:数据准备阶段,将本研究所用的所有数据集进行基本自然语言处理,然后统一分为两个部分,标号前 50% 作为训练集进行模型的训练,后 50% 作为测试集对训练的模型性能进行评估,并使用安全漏洞领域知识 CWE Top 25(公共缺陷枚举前 25 名)最危险漏洞类型和 CVE Details 分别对训练集进行扩充。

　　阶段 2:安全漏洞知识图谱构建阶段,我们通过阶段 1 形成的结合领域知识的训练集,对其进行基于三元组的规则实体建立。对建立好的所有实体通过 Jupyter 工具读取,连接 Neo4j 图数据库,使用 Python 模块在图数据构建成安全漏洞知识图谱。

　　阶段 3:项目内预测节点,对构建好的知识图谱,对阶段 1 中分配的测试集进行项目内预测,获取不同数据集的特征等,根据实验结果调整实体、实体关系和检测阈值等,为跨项目预测做准备。

阶段 4:对阶段 3 中调整好的最优模型,将本研究所使用的 5 个数据集,互相充当源项目和目标项目进行跨项目 SBR 预测。

5.3　数据集预处理

我们提取出缺陷报告数据集中的文本信息域:Summary 和 Description 作为语料预选库。为了有效提高本研究方法的准确率,我们需要对语料库做一个预处理。主要包含以下 6 个方面:

(1)处理语料库的脏数据,例如 Summary 和 description 为空的缺陷报告、不是以英文作为描述文本的报告、乱码描述等情况。以免对测试结果造成影响。

(2)英文单词的大小写只存在形式上的不同,但这并不影响它的语义。为了不影响本研究方法的计算结果,我们将英文单词大小写统一转成小写形式。

(3)由于符号不携带任何语义上的信息,同时可能还会对相似性计算产生负面影响。故在预处理步骤我们将感叹号、句号、分号等符号去除。

(4)词根还原。词语的形态不同,表达的语义却是一致的。例如 played 和 playing,虽然是 play 的不同形式,但是表达的意思大致相同。另外,这对我们在知识图谱中的检测影响不大,我们只考虑单词形式上的相同,而不考虑语义的相似性。故将两者还原为 play。本研究采用 Python 的 NLTK 库进行词根还原。

(5)停词处理。冠词、谓词、程度副词、人称代词、介词、连接词等几类用词对于安全缺陷报告之间的相似性检测的贡献很小,并且会增加噪声。故在预处理操作步骤进行停词处理。

(6)用空格分隔所有的单词。

经过数据预处理步骤后,缺陷报告对比呈现下表 5-1 所示。

表 5-1　缺陷报告预处理文本前后对比

	文本信息	预处理后的文本
A	When I opened the remote revision files it default text edit	open remote revision files default text edit
B	Users can not find the reSRWer's files correctly	use find read file correct

5.4　数据源准备

构建我们 SBR 知识图谱的第一步就是要为实体的提取提供相关领域知识库。在本研究中,我们有 3 个来源,即我们的目标项目、CWE 前 25 最危险的漏洞类别和 CVE Details。

目标项目:本研究的目标项目就是上文我们提到的 5 个基本数据集,这 5 个开源项目均适用于 SBR 预测。Wu 等人纠正了这些数据集的错误标签,并将它们视为基本事实。

本研究遵循 Peters 等人的工作,将每个数据集分成两个相等的部分(即 50% 和 50%)。我们将使用第一部分生成语料库,另一部分作为测试集,用于评估基于知识图谱的 SBR 预处理方法的有效性。表 5-2 显示了 Ambari 项目中 ID 为 26 的缺陷报告示例,与以前的研究类似,我们仅使用 Summary 和 Description 字段,这是缺陷报告中信息量最大最多的信息字段,并用文本进行了描述。

表 5-2　缺陷报告示例

Issue ID	26
Status	Verified(Closed)
Summary	Init Wizard: advanced Config validation errors can be bypassed
Description	Make the Naigos password (and re-type password) different so as you cause a validation error. This will let the user move on to the next screen by ignoring all other validation errors on this page.
component	site
priority	Major
security	1
reporter	Arpit Gupta
created	2012/05/15 23:13:18+0100
assigned	2012/05/17 22:20:56+0100

CWE 前 25 名最危险漏洞类别:CWE 是社区开发常见的软件缺陷列表,如果 CWE 中的缺陷漏洞没有得到及时解决,可能会导致系统经常性被攻击。本研究使用 CWE 在 2021 年报告的前 25 个最危险的漏洞类别作为我们领域知识库的另一个来源,因为这些漏洞类别显示了可能出现严重软件漏洞的最广泛和最关键的编程错误。所采用的 CWE 类别与第 4 章图 4-2 所示一致。

CVE Details:即公共漏洞和暴露细节,是公开披露的网络安全漏洞列表。IT 人员和安全研究人员查阅 CVE 获取漏洞的详细信息,进而确定漏洞的评分和优先级。本研究选取了安全漏洞领域 CVE Details 近 20 年高频漏洞(即 20 年内该漏洞发生概率占比超过 10%)作为数据集的扩展,总共有 4 种漏洞类型,分别为 Denial of Service、XSS、Execute Code 和 Overflow。

5.5　知识图谱的构建

5.5.1　实体语料库的生成

构建软件安全漏洞知识图谱为软件安全缺陷报告自动化检测奠定了基础,安全缺陷报告的判断需要一定的准确性,如果出现误差就会导致人力物力的浪费。在软件安全领域知识图谱方面的研究资料有所欠缺,通过自动或者半自动方法构建软件安全漏洞知识图谱无法确实有效地施展,所以我们通过人工标注的方式构建实体和实体之间的关系。

　　软件工程中现有的大多数标签的生成都是基于文本的。为了构建 SBR 知识图谱,需要用我们的源数据来生成一个词汇语料库。首先,在对文本语料库进行预处理后,对两个不同来源(即目标项目和 CWE)的文本进行分割,得到部分单词。我们使用 spaCy 工具进行文本标记化和单词词性还原,然后手动标记抽取的实体。本研究主要使用 SBR 中的描述字段,由于目前知识图谱在软件安全领域类的应用较少,同时缺少实体标签数据。故这里首先考虑了安全缺陷报告的特点,仔细阅读每个安全缺陷报告的文本信息、理解其含义,并结合 CWE 软件安全漏洞分类特性,查询相关资料后,通过基于本研究软件安全漏洞知识图谱的需要,我们将实体大致分为以下几种不同的类别,如软件名称、安全相关词语、缺陷位置、缺陷类型和其他词语或短语等几类。例如 Ambari 数据集中编号为 3119 的句子:NullPointerException thrown while retrieving Ganglia properties,结合上文提出的方法对句子进行分析,NullPointerException 意为空指针异常,是一种常见的安全漏洞类型,将其标记为 VT。而 Ganglia 是一个开源集群项目,该句说明了在数据检索时在 Ganglia 出现了空指针异常,故将 Ganglia 标记为 LOV。表5-3列出了实体类别的类别类型、缩写和示例。

表 5-3　实体类型

实体类型	实例	解释
VT(Vulnerability type)	memory leak, npe.	漏洞类型
SRW(Safety-related words)	exception, authorization	安全相关词
LOV (Location of vulnerability)	http_uri, server-agent	漏洞出现位置
EA(Execute action)	requese http,create interface	执行某种操作
CP(Component)	nagios,ganglio,chromium	编程语言,类名等
OC(Other categoriy)	environment,cluster	其他类型

　　由于本研究的目的是进行 SBR 预测,因此将 VT(错误类型)和 SRW(安全相关词)作为着重关注的点。单词标记的准确性也将直接影响本研究方法的有效性和所构建知识图谱的质量。例如,在某些句子中,空指针解引用可能被写成 NPD(null pointer dereference),如果没有足够安全领域知识储备的缺陷报告报告者,可能会将这个词作为非安全词去报告。然而,空指针解引用是 CWE 前 25 名之一。此外,短语识别也是一个大问题。例如,在短语验证错误中,单词 validation 与安全性无关,但 validation error 就被视为错误类型,需要标记。还有,例如 sql 和 injection 分开来看毫无关系,但是合在一起 sql-injection 就是一种极为关键的错误类型。本研究创建了一种实体和模式列表将其命名为实体规则,将有关系的单词联系在一起进行检测和抽取,确保研究工作的有效性。部分实体规则如表 5-4 所示。

表 5-4　部分实体规则

实体	实体规则
Validation error	{"label":"VT","pattern":[{"LOWER":"validation"},{"LOWER":"error"}]}
Sql injection	{"label":"VT","pattern":[{"LOWER":"sql"},{"LOWER":"injection"}]}
Memory leak	{"label":"VT","pattern":[{"LOWER":"Memory"},{"LOWER":"leak"}]}

为了确保分类的正确性,这里采用"卡片分类法",即选取了三个彼此都有实体标记方面经验的,并具有足够软件安全知识的人来做这项工作。我们在同一时间标记同一份文件,并在标记后比较每个人的结果。对于句子中的名词和短语,如果三个人的标记结果一致,则认为是合理的,否则将再次进行审查。所有标记完成后,再次判断标记的准确性。

最后,我们手动注释并创建一组在 spaCy 管道组件中定义的名为 EntityRuler 的规则,以识别测试集缺陷报告中的实体,然后使用该规则的 to_disk 函数将定义的规则保存到以换行符分隔的 Json 文件中,方便我们检测使用。表 5-4 所示中的 pattern 两个单词分开来写,代表二者是一个整体出现,sql-injection 是 CWE Top 25 中非常重要的安全词,在检测中是以 sql-injection 形式进行检测的,这样基于安全词检测的效率就会大大提升,而不是割裂开的,sql 是用于访问数据库的标准计算机语言,而 injection 代表注射,跟安全词还有一些差距。

5.5.2　实体关系建立

5.4.1 节中,我们进行了文本标记化、单词词性还原和实体规则的建立。在本节,我们将添加实体之间的关系,在句子中寻找主语和修饰主语的形容词,并根据主语和形容词之间的介词确定关系。通过查询相关资料,我们进行了手动检查并定义实体之间的关系。表 5-5 展示了我们定义的主要关系。例如 Ambari 数据集中编号为 3 的句子:sentence custom config page:don't allow form submission if there are client side validation errors。根据 5.4.1 节中的标记过程,将 form submission and validation errors 标记为 LOV。通过阅读句子,我们找到了介词 if,因此,判断这两个实体之间的关系是因果关系,因此将这种关系标记为BO(因果关

表 5-5　实体关系

实体关系	解释
PGS(progressive)	递进关系:先解决 A 才能解决 B
BO(because of)	因果,由于关系:由于 A 所以导致 B
SL(Same level)	同类同级关系:A 和 B 同为缺陷类型
LT(lead to)	导致,造成关系:由于 A 导致 B(A 为某种操作或者缺陷等)
CT(contain)	包含关系:A 中存在 B(B 为缺陷类型)
SP(specify)	行为指明关系:某些操作可能导致出现安全问题
OR(Other Relationship)	其他关系:不属于上述关系即为其他

系）。最后，我们构建了每一对实体之间｛entity，relationship，entity｝的完整性，比如｛form submission，LOV，validation errors｝。

三元组用于标记每个与安全相关的句子、特征词类型及其关系。然后，我们将具有安全特征的词汇写入一个安全词汇表。安全相关词汇表被构造到 JSON 文件中（Neo4j 数据以 JSON 文件作为识别输入格式）。表 5-6 显示了最终生成的部分实体语料库。将单词和相应的标签放在一起，然后识别 SBR。当存在相关的单词和短语时，它可以自动识别关系短语。

表 5-6　基于规则的实体识别语料库

序号	语料库
1	{"label"："VT"，"pattern"：["LOWER"："hive"，"encryption"]}
2	{"label"："VT"，"pattern"：["LOWER"："validation"，"LOWER"："error"]}
3	{"label"："VT"，"pattern"：[{"LOWER"："nullpointerexceptions"}]}
4	{"label"："VT"，"pattern"：[{"LOWER"："encryption"}]}
5	{"label"："VT"，"pattern"：[{"LOWER"："virtual"}，{"LOWER"："memory"}]}
6	{"label"："VT"，"pattern"：["LOWER"："node"，"LOWER"："assignment"]}
7	{"label"："SRW"，"pattern"：[{"LOWER"："insecurely"}，{"LOWER"："load"}]}
8	{"label"："SRW"，"pattern"：[{"LOWER"："sql"}，{"LOWER"："injection"}]}

通过对复杂文档数据的有效处理和集成，本研究将安全缺陷报告转化为清晰明了的三元组数据。在知识图谱中，如果两个节点之间存在关系，则它们将由无向边或有向边连接。然后这个节点称为实体，它们之间的边称为关系。软件安全漏洞知识图谱是指从软件安全漏洞领域获取的领域术语构建而成的知识图谱。所构造的过程类似于一般知识图谱。在软件安全知识图谱中，我们只关注软件安全相关术语之间的关系。在 SBR 预测领域，可以使用知识图谱通过实体之间的联系建立 SBR 之间的关系。建立好的部分三元组规则实体如表 5-7 所示。

表 5-7　建立好的部分三元组规则实体

type1	word1	rel	word2	type2
CP	ssl	PGS	security	SRW
SRW	security wizard	OR	fail	SRW
LOV	https	LT	fail	SRW
VT	nullpointerexception	PGS	deserialize	SRW
SRW	memory	BO	leak	VT
VT	stack	BO	overflow	VT
EA	https	LT	npe	SRW
LOV	cxf	CT	nullpointerexception	VT
SRW	exception	OR	error	VT
CP	trigger	CT	npe	SRW

5.5.3　知识存储

在缺陷报告中,我们使用了 SBR 中的摘要和描述中的关键字,进行安全关键字实体抽取,抽取出安全字实体后,根据实体上下文之间的语义建立实体之间的关系。建立之后就形成了三元组的数据。将建立好的每一组三元组数据存储在知识图谱中,最终将离散的安全缺陷报告聚合成具有大量的软件安全漏洞知识的图谱,实现知识的快速响应和推理。

利用图形数据库的优势,本研究选择了 Neo4j 图数据库来储存我们标记的实体和关系,将上文定义的实体表示转化为 Neo4j 的节点,实体之间的关系定义为边。通过一个 Python 模块完成知识图谱的转换,通过这个模块将所有的实体类和关系类转换为知识图谱的节点和边保存在 Neo4j 中。在实体类构建时,实体类包括了类名和属性值,在知识图谱的节点中我们创建表 5 - 5 中所示的 7 种属性的实体来完成标记中实体类的对应。另外,Neo4j 中还为每一个实体自动添加了一个"id"属性,每一个实体的 id 都具有唯一性,不存在相同的 id。实体类与 Neo4j 实体节点对应如图 5 - 2 所示。

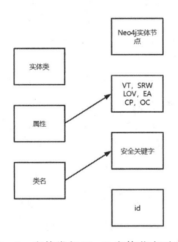

图 5 - 2　实体类与 Neo4j 实体节点对应图

具体的创建过程:先创建实体节点,再构建实体节点之间的关系。本研究使用 jupyter 开发工具通过 Python 语言依次进行创建,先是将所有的三元组存储在 Excel 文件中,然后读取出所有的实体及其属性,并进行去重处理。处理后通过用官方提供的 neo4jpythondrive 驱动包在配置文件中添加相应的命令,连接到 neo4j 数据库中。我们先判断该节点是否存在,若不存在根据 Excel 表中实体类的信息创建该实体,若存在则从 Excel 表中依次选择下一个实体类进行相似的操作,直到遍历完 Excel 实体关系表的最后一个实体类,这样实体节点就创建好了。实体在 Neo4j 的节点如图 5 - 3 所示。

如图 5 - 3 所示,该实体类型为 SRW 类型(安全相关词),它有一个属性是 validation,id 为58。每个节点有三个功能,左上方如锁状功能可以解锁实体,然后重新布局,右上方眼状功能

图 5 - 3　neo4j 中实体的节点

可以隐藏该实体,下方的拓展状功能在点击后可以显示与该实体有子关系的实体,如图 5 - 4 所示,与 validation 实体有子关系的实体有三个,分别为 bypass、form submission 和 user,对应关系分别为 LT 和 OR 关系。

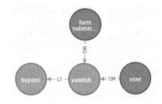

图 5 - 4　neo4j 中扩展实体子关系

完成实体节点的创建后开始进行节点之间关系的创建。首先我们读取 Excel 实体关系表,获取三元组对应的实体,并取得它们之间的关系,然后在 neo4j 中创建实体之间的关系,重复上面操作直到 Excel 实体关系表中最后一个数据。这样实体之间的关系就构建好了。实体-关系-实体的具体形式如图 5 - 5 所示。

Displaying 2 nodes, 1 relationships.

图 5 - 5　neo4j 中扩展实体子关系

图谱实例如图 5 - 6 所示,不同类型的实体在知识图谱中由不同的颜色进行区分,橙色部分是安全相关词汇表,绿色部分是漏洞类型,蓝色部分是缺陷的位置,粉色部分是软件名称,以此获得安全词汇表相关知识图谱。从知识图谱中,我们可以得到每个安全词汇之间的关系,因此我们可以通过词汇与词汇本身的关系来预测 SBR。在本实验中,主要使用两种类型的安全缺陷词汇,SRW 和 VT。例如 Ambari 数据集中编号为 1 的缺陷报告描述"Security wizard: phpIPAM 1.4 allows SQL injection via the app/SRWmin/custom-fields/edit-result. php table parameter when action＝SRWd is used. ",我们发现当单词 security、wizard、SQL 和 injection 同时出现在缺陷报告的描述文本中时,通过与知识图谱比较,可以一定程度上确定该缺陷报告是一个与安全相关的,即一个 SBR。

在知识图谱中,当某一部分聚集实体越多,连接边越多,就说明该部分的安全领域知识越充足,对某一个或者某一类安全缺陷的特征描述越准确。那么当这些实体出现时,它是 SBR 的概率就会增加。另外,我们再根据节点之间的关系来判断,这样我们就可以确定它是否为 SBR。

通过 Neo4j 数据库 Python 驱动模块的 Py2neo 操作,形成了如图 5-6 所示的软件安全漏洞知识图谱实例。由图可知,存在一种安全漏洞类型的两种不同表示,npe 和 nullpointexception,它们存在于 Apache 的框架项目 cxf 中,因此我们为 cxf 与 npe 和 nullpointexception 之间建立包含关系,用 CT 表示。在进行 request http 操作时也会导致 npe 的出现。

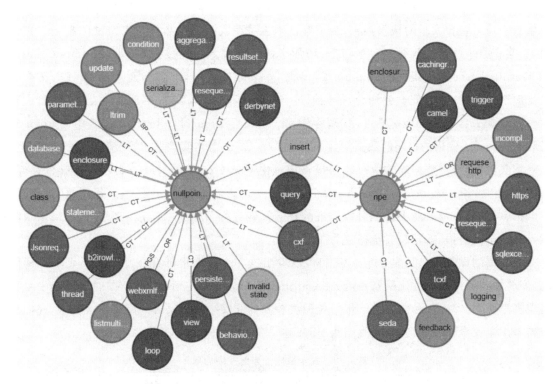

图 5-6　安全漏洞知识图谱实例(彩图扫 88 页二维码)

5.6　性能评估

5.6.1　评测对象

为了便于与 Peters 等人的 FARSEC 方法进行比较,本实验使用与该文献相同的数据集,即 Ambari、Camel、Derby、Wicket 和 Chromium 5 个数据集,前 4 个项目都来自 Web 服务器软件 Apache。Apache 使用 JIRA 作为缺陷跟踪系统。Ambari 服务器为 Apache HSRWoop 集群提供管理服务和可视化的用户接口。Camel 组件为不同场景的消息交互提供集成,极大地降低了集成应用开发难度。Derby 是一个完全由 Java 语言编写的轻量级的数据库,既可以作为单独的数据库服务器使用,也可以内嵌在应用程序中。Wicket 是一个功能强大、基于组件的轻量级 Web 开发框架。这 4 个项目代表 4 类典型应用系统。Ohria 等人从以上 4 个项目中各选择了 1000 个具有代表性的缺陷报告,并采用人工检查和确认的方式对其进行了特征标注,其中使用 security 标签对该报告是否为安全报告进行标记。Peters 等人在此基础上根据 security 标签提取了这 4 个用于安全缺陷预测的数据集,并将其公开。因此,这里直接使用了他们处理之后的 4 个小规模数据集。后者来源于 Google 的 Chrom 浏览器,他们利用自己的 Google 缺陷报告跟踪系统收集错误报告,并在提交给系统的时候,利用系统将安全的缺陷报告标记。此 5 个数据集也是 SBR 预测中广泛应用的 5 个开源项目。除此之外,由于实际的软件项目中通常包含大量的缺陷报告,为了验证本方法在实际的大数据集安全缺陷报告识别的效果,又在原来的 5 个数据集的基础上,增加了两个规模更大的数据集,即 Chromium_Large 和 Mozilla_Large 数据集。Chromium_Large 同样来自 Google 浏览器,而 Mozilla_Large 数据集来源于 Mozilla 基金安全咨询会,他们通过 Bugzilla 跟踪错误。需要注意的是,本实验中有两个数据集来自 Chromium 项目,分别称作 Chromium_Large 和 Chromium,其中 Chromium 是和 Peters 等人使用的相同的数据集,而 Chromium_Large 是本实验增加的规模更大的数据集。

本实验中,每个数据集的所有缺陷报告信息由 CSV(comma-separated values)文件存储,CSV 文件中的每一行对应一个缺陷报告,每一列代表缺陷报告的一项信息,包括概述、描述、安全标签、优先级等。前人已经对数据集的缺陷报告进行了安全缺陷报告标记。如果该缺陷报告是安全缺陷报告,则其安全标签为 1,否则为 0。

数据集的详细信息见表 5-8。我们可以看出这 7 个数据集都存在严重的类别不平衡问题,安全缺陷报告所占的比例都很低,在 Chromium 中甚至只占到 0.5%。同时数据集中也存在着噪声数据,即一些和安全缺陷报告相似度较高的非安全缺陷报告。所以在实验中,我们只需要考虑与安全相关的词汇,及类型为 SRW 和 VT 的词进行文本搜索和查询。

表 5-8 安全缺陷报告数据集信息

数据集	时间	缺陷报告数量	安全缺陷报告数量	安全缺陷报告所占比例/%
Ambari	09/26/04 - 09/17/14	1000	56	5.60
Camel	07/08/07 - 09/18/13	1000	74	7.40
Derby	09/28/04 - 09/17/14	1000	179	17.90
Wicket	10/20/06 - 11/09/14	1000	47	4.70
Chromium	08/30/08 - 06/11/10	41940	808	1.93
Chromium_Large	09/02/08 - 01/17/19	138982	5340	3.84
Mozilla_Large	03/03/02 - 01/17/19	64043	1546	2.41

前 5 个数据集中的描述信息非常干净,不存在脏数据,而两个大型数据集在描述信息上存在大量的空行、乱码、非英文描述信息等脏数据。所以需要我们对其处理,处理前后报告数量有一定差异,见表 5-9。

表 5-9　缺陷报告预处理文本前后对比

数据集	预处理前缺陷报告数量	处理后缺陷报告数量	安全缺陷报告数量	安全缺陷报告比例%
Chromium_Large	138982	129636	3857	2.4
Mozilla_Large	64043	59025	1445	2.9

5.6.2　基线方法

为了验证知识图谱对安全缺陷报告预测的性能表现,我们使用 Peters 和 Wu 等人最近的研究作为本实验研究的基线,二者都是从项目训练集的描述内容中提取安全相关字,使用基于安全关键字的数据过滤方法,这两项工作与本文实验的方法最为相似。

Peters 等人在安全缺陷报告检测中所使用的方法为 Farsec,它是一个从 NSBR 中过滤噪声数据的框架。首先从训练数据的 SBR 中提取 top X(他们工作中使用的数字为 100)安全相关关键字。然后,计算每个缺陷报告(在训练集中)和这些安全关键字之间的相似性。最后使用 7 种不同的过滤器从训练集中过滤掉噪声数据。在此基础上,我们采用基于规则的命名实体识别方法提取缺陷报告中实体与实体之间的关系,并构建知识图来识别 SBR。

据查询资料了解到,Wu 等人在其最近研究中通过提取关键字并生成关键字矩阵来预测 SBR,该矩阵是基于公开可用的关键字提取方法 keyBERT 开发的。我们根据 Wu 等人工作将其称为关键字矩阵。

5.6.3　检测方法

在上文中,我们主要使用手动分类来标记实体,用 CWE 和 CVE 对其进行扩展,并对缺陷报告进行了三元组实体规则建立。然后将创建的语料库通过 SpaCy 工具字典添加命名实体。使用创建的语料库对测试集进行实体识别,在获得相关单词后,可以识别缺陷报告。

基于 Peters 和 Wu 等人的研究基础,这里以安全关键字过滤为检测思路,为了提高预测的准确率同时能对安全缺陷报告有一个直观的展示,我们使用上文的数据集再加上安全漏洞领域知识构建了软件安全漏洞知识图谱。我们在标记数据的过程中将 5 个不同数据集中的安全漏洞统一提取出来构建成三元组规则实体,并结合安全漏洞领域知识 CWE 和 CVE 危险漏洞类别丰富了三元组规则实体,最后将完整的三元组规则实体通过 Neo4j 图数据库构建成安全漏洞知识图谱。将构建好的知识图谱作为一个新的安全漏洞库,用以检测 SBR,知识图谱安全漏洞库的优势如下。

(1)库中漏洞来自手动选取数据集的每一个安全漏洞,并结合了权威领域知识,安全漏洞丰富且权威。

（2）在检测上不仅考虑对实体进行识别，同时还利用不同实体间的规则关系进行识别，确保了 SBR 预测的准确性。

图 5-7 显示了跨项目 SBR 预测的过程。在跨项目预测之前，我们先进行了项目内预测，根据实验结果对模型及其检测阈值等做了调整，力求先让模型达到最好的识别效果，为跨项目做准备。跨项目预测中，输入数据集是一个完整的句子，我们使用 spaCy 工具对输入的句子进行自然语言处理。首先对每个句子进行分词断句，再标记句子中每个单词的词性，然后对其进行词性还原。在测试集中通过我们创建的 EntityRuler 规则的 JSON 文件筛选出单词类型为 SRW 和 VT 的实体，然后再通过知识图谱实体和边的关系检索来判断其是否为 SBR。本研究构建的是软件安全漏洞知识图谱，范围相对固定，但安全实体的概念没有一个明确的定义，我们根据 Gegick 和 pletea 等人的研究结合本研究构建的安全漏洞知识图谱，建立了部分高频安全关键字，再结合 CWE Top25 最危险漏洞类别一起共同作为安全漏洞知识图谱核心实体，如表 5-10 所示。在检测过程中测试集缺陷报告如果存在本研究构建的核心实体，我们就将其认定为安全。

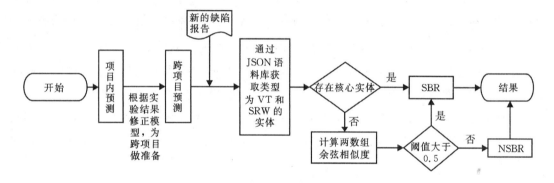

图 5-7　跨项目 SBR 预测流程图

表 5-10　核心实体

核心实体
Denial of Service, sencryption, memory, exception, Execute Code, Overflow, nep, memory leak, nullpointer, Nullpointerexception, authorization, ssl, XSS

检测完毕后，不存在核心实体的缺陷报告，通过 JSON 文件匹配文本将其关键词筛选出存入新数组，命名为 Test。Chaparro 等人通过对安全缺陷报告的实证研究，证实了由报告者生成的软件缺陷报告中包括：对软件行为（即观察到的行为 OB）描述、步骤重现（S2R）和软件预期行为（EB）这三种内容描述，这些为缺陷漏洞的主要描述形式，且该描述对开发人员的测试和缺陷修复非常有用。文中结合 Chaparro 等人的研究结果，同时考虑安全缺陷报告描述的特点（即说明了安全漏洞产生原因、漏洞类型及其后果），选取了与之对应的三种实体关系，即

LT、CP 和 SP。我们通过使用 Cypher 语句的 run 方法对 Test 数组中每一个实体,获取所有与他相连的类型为 SRW 或 VT,实体关系为 LT、CT、SP 的实体。将满足上述条件的实体根据上文建立的规则,去除重复的实体后全部存入新建数组,命名为 result,然后计算 result 数组和 Test 数组余弦相似度。实例:表 5 - 11 为我们在图谱中获取与单词"security"相连且满足上文条件的实体,与 security 相连类型为 SRW 或 VT 的满足关系条件的实体共有 4 个。

表 5 - 11　Security 连接的实体和关系

"n"	"m"	类型	关系
{"name":"security"}	{"name":"permission"}	SRW	LT
{"name":"security"}	{"name":"problem"}	SRW	CT
{"name":"security"}	{"name":"exception"}	SRW	LT
{"name":"security"}	{"name":"key password"}	SRW	LT
{"name":"security"}	{"name":"fail"}	SRW	PGS
{"name":"security"}	{"name":"break"}	SRW	PGS
{"name":"security"}	{"name":"security wizard"}	SRW	OR

在本研究工作中,根据实际效果微调,通过设置适当的阈值来确定它们是否相似,根据实验效果我们将阈值设置为 0.5,得到的效果最佳。如果相似度大于 0.5,则将其视为安全相关词。对于本研究来说,余弦相似性有其优势性,因为余弦相似度对角度敏感而维度不敏感,即使两个相似的句子可能因其单词数量而相距很远(例如,"bug"一词在一个句子中出现 8 次,在另一个句子中出现 1 次),但它们之间的角度可能仍然很小。在实验部分,我们对本研究的方法进行实验和评估。

5.6.4　实验设计

本实验使用 Python 语言开发,版本为 3.7,处理器为 AMD Ryzen 7 4800H with RSR-Weon Graphics 2.90 GHz,内存 16GB,显卡为集成显卡,硬盘容量 1TB。采用 Jupyter 和 Py-Charm 作为实验集成开发环境。

实验过程包括三个阶段。

(1)我们为实体提取准备数据,将每个数据集分成两个相等的部分,并使用第一部分生成语料库,第二部分进行测试。我们使用前 25 名最危险的漏洞类别作为本文工作的另一个来源。

(2)使用 spaCy 标记数据集,恢复单词并生成实体语料库,为每个数据集建立关系。实体作为节点,两个实体之间的关系作为 SBR 知识图的边。

(3)将获得的知识图存储在 Neo4j 中,用于性能评估。

实验总体上分为两个方面的工作,WPP 和 TPP。本研究为了增强 TPP 的预测性能,先进行了 WPP,然后根据实验结果调整模型参数。WPP 即使用项目中自己标记的数据标签来预测同一项目的未标记的缺陷报告中的 SBR。TPP 即使用来自一个项目中的标签来预测另一个项目中未标记的缺陷报告中的 SBR。

在 WPP 中，使用 5 个基本数据集每个的前 50％数据作为训练集，结合 CWE Top 25 最危险类别构建我们的知识图谱。对新输入的句子，进行安全相关词抽取和属性还原，对于存在核心实体的缺陷报告，我们鉴定其为安全缺陷报告，不存在核心实体的缺陷报告，在知识图谱中进行实体和关系相似度匹配，超过设定阈值就被认为是安全缺陷报告。对于 TPP，使用 5 个数据集中的安全缺陷报告结合核心实体建立 5 个单知识图谱进行数据集之间的相互预测，并使用 5 个数据集构建的一张大型知识图谱对两个大型数据集进行结果预测。检测方法同WPP。在 5 个小型数据集的验证中，我们将每个数据集作为目标项目，其他 4 个数据集分别作为源项目进行预测。在大型数据集的验证中，我们将两个大型数据集作为目标项目，5 个小型数据集作为源项目进行预测。为了进行客观比较，本研究结合缺陷报告预测方面的相关研究，将 $F1$ 值作为实验结果的主要关注点。

5.6.5　实验结果

WPP 在 5 个数据集上进行了实验，并且直接采用 FARSEC 和 Keywords Matrix 与各数据集上最好的实验结果进行对比。本研究将 FARSEC 方法分为 FAESEC、FAESEC1 和FAESEC2。FARSEC1 是 Peters 等人的方法，而 FARSEC2 是 Wu 等人在对数据集更新之后重新实现的 FARSEC 检测方法。实验结果如表 5-12 所示。

表 5-12　实验结果 1

目标数据集	方法	召回率	误差率	精确率	$F1$ 值	G 测量值
Ambari	**KG-SBRP**	**0.56**	**0.01**	**0.60**	**0.58**	**0.71**
	FARSEC1	0.57	0.03	0.21	0.31	0.72
	FARSEC2	0.50	0.07	0.19	0.28	0.65
	Keywords Matrix	0.18	0.01	0.56	0.27	0.30
Camel	**KG-SBRP**	**0.74**	**0.04**	**0.64**	**0.69**	**0.83**
	FARSEC1	0.50	0.42	0.04	0.08	0.53
	FARSEC2	0.33	0.12	0.21	0.26	0.48
	Keywords Matrix	0.27	0.02	0.50	0.35	0.42
Derby	**KG-SBRP**	**0.76**	**0.05**	**0.76**	**0.76**	**0.82**
	FARSEC1	0.48	0.12	0.26	0.34	0.62
	FARSEC2	0.48	0.54	0.27	0.41	0.60
	Keywords Matrix	0.71	0.08	0.67	0.69	0.80
Wicket	**KG-SBRP**	**0.70**	**0.00**	**0.80**	**0.74**	**0.82**
	FARSEC1	0.68	0.37	0.02	0.04	0.65

续表

目标数据集	方法	召回率	误差率	精确率	F1 值	G 测量值
	FARSEC2	0.52	0.05	0.34	0.41	0.67
	Keywords Matrix	0.42	0.00	0.91	0.57	0.59
Chromium	**KG-SBRP**	**0.77**	**0.00**	**0.88**	**0.81**	**0.87**
	FARSEC1	0.50	0.04	0.07	0.12	0.65
	FARSEC2	0.66	0.00	0.95	0.78	0.79
	Keywords Matrix	0.74	0.00	0.91	0.81	0.85

表 5-12 中 5 个数据集每个对应 4 种方法的实验结果,其中加粗行表示各数据在 4 种方法中 F1 值最高的实验结果,可以看出,在 5 个数据集上,KG-SBRP 方法在 F1 值和 G 测量值上的结果基本高于 FARSEC 和 Keywords Matrix 方法。

图 5-8 和图 5-9 更为直观地展示了本研究的方法同 FARSEC 和 Keywords Matrix 方法在 5 个数据集上的 F1 值和 G 测量值指标的对比。由图 5-8 可以看出本方法在 5 个数据集上的 F1 值基本上都优于其他方法,F1 值平均值取得了几种方法的最高值。在 5 个数据集中,F1 值分别平均提高了 52%、34% 和 25%。

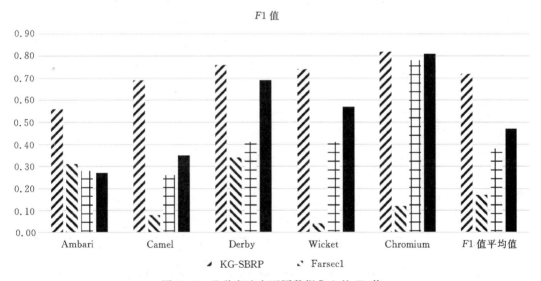

图 5-8　几种方法在不同数据集上的 F1 值

TPP 一共在 7 个数据集上进行了实验,其中前 5 个小型数据集我们通过构建 5 张单独的知识图谱进行交叉相互预测,以此模型跨项目预测,实验结果如表 5-13 所示。(注:粗体显示的是 F1 值最高的行)

表 5 – 13 实验结果 3

目标数据集	检测源	召回率	误差率	精确率	F1 值	G 测量值
Ambari	**Ambari**	0.81	0.01	0.62	0.13	0.89
	Camel	0.31	0.05	0.16	0.21	0.48
	Derby	0.88	0.32	0.08	0.15	0.76
	Wicket	0.25	0.18	0.04	0.07	0.38
	Chromium	**0.75**	**0.06**	**0.27**	**0.39**	**0.83**
Camel	Ambari	0.59	0.29	0.18	0.26	0.64
	Camel	0.59	0.30	0.16	0.26	0.64
	Derby	0.72	0.37	0.16	0.27	0.67
	Wicket	**0.67**	**0.31**	**0.18**	**0.28**	**0.42**
	Chromium	0.33	0.12	0.21	0.25	0.48
Derby	Ambari	0.75	0.47	0.28	0.40	0.62
	Camel	0.39	0.20	0.31	0.35	0.52
	Derby	0.86	0.56	0.27	0.41	0.59
	Wicket	**0.54**	**0.20**	**0.36**	**0.43**	**0.65**
	Chromium	0.33	0.14	0.35	0.34	0.48
Wicket	Ambari	0.65	0.29	0.10	0.17	0.68
	Camel	**0.39**	**0.09**	**0.17**	**0.24**	**0.55**
	Derby	0.83	0.27	0.12	0.22	0.78
	Wicket	0.87	0.43	0.16	0.16	0.69
	Chromium	0.43	0.18	0.10	0.16	0.56
Chromium	Ambari	0.44	0.27	0.04	0.07	0.55
	Camel	**0.43**	**0.03**	**0.25**	**0.31**	**0.6**
	Derby	0.86	0.22	0.08	0.15	0.82
	Wicket	0.49	0.07	0.14	0.22	0.64
	Chromium	0.68	0.17	0.08	0.15	0.75

在两个大型数据集上,由于 Peters 等人的 FARSEC 方法并没有实现大型数据集的 TPP 实验,所以我们将本研究复现的 FARSEC 方法用于大型数据的检测,作为 KG-SBRP 方法的基线对比。大型数据集 KG-SBRP 检测方面,本研究用 5 个小型数据集提取出数据构建的图谱检测两个大型数据。所以我们筛选出本实验的 F1 值最好数据,同时采用 FARSEC 在 F1 值上最好的实验结果作为对比。结合表 5 – 14 中 F1 值最好的数据,和大型数据集的检测实验结果如表 5 – 14 所示。

表 5 – 14 中 7 个数据集每个对应两种方法的实验结果,其中加粗行表示各数据在两种方法中 F1 值最高的实验结果,可以看出,在 7 个数据集上,KG-SBRP 方法在 F1 值和 G 测量值

上的结果基本高于 FARSEC 方法。

表 5 - 14　实验结果 4

目标数据集	方法	检测源	召回率	误差率	精确率	$F1$ 值	G 测量值
Ambari	**KG-SBRP**	**Chromium**	**0.75**	**0.06**	**0.27**	**0.39**	**0.83**
	FARSEC	Camel	0.14	0.20	0.50	0.22	0.25
Camel	**KG-SBRP**	**Wicket**	**0.67**	**0.31**	**0.18**	**0.28**	**0.42**
	FARSEC	Ambari	0.28	0.07	0.12	0.16	0.43
Derby	**KG-SBRP**	**Wicket**	**0.54**	**0.20**	**0.36**	**0.43**	**0.65**
	FARSEC	Ambari	0.19	0.02	0.47	0.27	0.32
Wicket	**KG-SBRP**	**Camel**	**0.39**	**0.09**	**0.17**	**0.24**	**0.55**
	FARSEC	Chromium	0.17	0.20	0.50	0.25	0.29
Chromium	**KG-SBRP**	**Camel**	**0.43**	**0.03**	**0.25**	**0.31**	**0.60**
	FARSEC	Ambari	0.46	0.20	0.12	0.18	0.62
mozilla_large	**KG-SBRP**	**KG**	**0.32**	**0.02**	**0.25**	**0.32**	**0.48**
	FARSEC	Ambari	0.23	0.08	0.12	0.21	0.46
chromium_large	**KG-SBRP**	**KG**	**0.25**	**0.02**	**0.19**	**0.29**	**0.40**
	FARSEC	Derby	0.55	0.24	0.18	0.18	0.62

　　图 5 - 9 更为直观地展示了文中方法同 FARSEC 方法在 7 个数据集上的 $F1$ 值指标对比。由图 5 - 9 可以看出,本方法在 7 个数据集上的 $F1$ 值基本上都优于 FARSEC 方法。在 7 个数据集中,本方法同基线方法 FARSEC 相比,$F1$ 值平均提高了 11%。

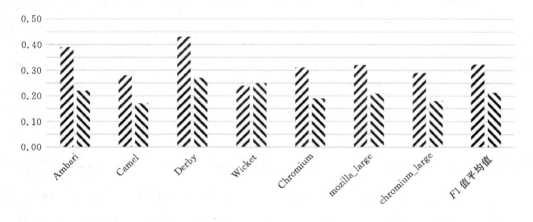

◢ KG-SBRP　◥ FARSEL

图 5 - 9　两种方法在不同数据集上的 $F1$ 值

5.6.6 实验结果分析讨论

由上文实验结果可知,在跨项目安全缺陷报告识别上,KG-SBRP 方法能够很大程度地提升检测性能,同时在 $F1$ 值上效果优于同类其他方法。下面通过回答以下 4 个问题来对结果进行解释分析。

研究问题 1(RQ1):KG-SBRP 方法在跨项目安全缺陷报告预测性能上与传统深度学习方法相比有何优势?

本书通过以下四个工作来回答 RQ1。

①本研究以安全关键字过滤为检测思路,因此单词标记的准确性也将直接影响文中方法的有效性和所构建图谱的质量。为了避免了主观性造成的分类不准确,屏蔽不同人员标记的差异,我们对跨项目安全缺陷报告研究的常用 5 个数据集中所有安全缺陷报告进行了统一手工标记实体,并建立实体规则。然后将 VT(漏洞类型)和 SRW(安全相关词)类型作为我们检索着重要关注的实体,同时结合 CWE 和 CVE 扩充了实体语料库,这极大地提高了安全关键字的质量。Peters 等人通过 TF-IDF 方法提取数据集描述文本中的评分最高的 100 个单词作为安全关键词词,但大多词似乎与安全无关,导致检测效果不佳。如表 5-15 所示,FARSEC 方法中提取的 Chromium 数据集中的 100 个安全关键词(粗体为与安全似乎无关的词),从结果可以看出其中大多数可能与安全无关,有些单词甚至可能出现在每个缺陷报告中(例如:"starred""notified""may"等)。

表 5-15 Chromium 数据集 100 个安全相关词

Chromium 数据集中 100 个安全相关词
file, security, **chrome**, **page**, **http**, download, **user**, starred, person, notified, changes, **may**, **see**, **url**, **site**, **bug**, **open**, **google**, **browser**, **like**, **windows**, **window**, https, web, code, **one**, memory, firefox, **function**, **tests**, problem, seems, **tab**, **also**, version, **use**, **would**, **using**, **view**, **used**, **make**, users, **chromium**, crash, **click**, password, **think**, vulnerability, **sure**, **browsers**, **link**, attached, attacker, data, **get**, **fix**, const, **content**, **something**, **safari**, **new**, error, javascript, **lcamtuf**, malicious, **please**, **could**, risk, release, **try**, **found**, allow, expected, **time**, **example**, corruption, **test**, back, access, crashes, **urls**, **int**, **without**, **know**, **versions**, **way**, uses, order, report, cause, fail, **want**, **system**, **still**, **files**, arbitrary, **html**, details, ssl, **need**, loaded, **might**

②在跨项目预测上,本研究先进行了本项目训练。使用 5 个数据集的三元组规则建立软件安全漏洞知识图谱,根据实验的检测结果表对实体的选择、实体之间关系标记和检测阈值等进行调整,以此修改安全漏洞知识图谱,为求在每一个数据集的知识图谱检测都能达到最好效果,以此为跨项目识别做准备对跨项目进行强化学习。随后,使用 WPP 构建的知识图谱从中提取出 5 个小型数据集,结合本研究构建的核心实体建立了 5 张小型知识图谱,以此增加不同数据集之间的共性,这很大程度上缓解了不同项目之间的数据分析差异。而在 FARSEC 方法

中,Peters 等人通过筛选过滤掉不同数据源中的噪声 NSBR,但他们未考虑 SBR 和 NSBR 中的联系,以及在不同项目间的差异性。

③本研究在安全缺陷报告的判断标准上更加严格。当某些缺陷报告不存在核心实体时,通过 JSON 文件抽取到的实体,需要获取该实体在知识图谱中搜索连通的安全相关类型单词,然后根据这些安全相关词汇进行规则识别匹配。如果句子中安全相关词汇及其之间规则检测都满足要求,才将其视为安全相关缺陷报告。这里设置了双层要求来鉴别 SBR,在一定程度上减少了噪声的影响。Peters 和 Wu 等人的方法仅考虑了缺陷报告中单个安全关键词来判断安全缺陷报告,导致了预测结果不理想。

例如 Chromium 数据集中编号为 59 的缺陷报告描述:"If I let Chrome remember my passwords they are available to anyone who has access to my computer (including thieves). I would like to protect my saved passwords with a master password to circumvent this security issue.",该句中不存在核心实体,但存在关键词 security,我们可以通过 JSON 文件检测到。因此还需要在知识图谱中进行实体和规则关系匹配,然后再次检测。

如表 5-16 所示,使用命令 Match(n:SRW{name:"security"}) - (m:SRW)返回 n,m,可以在知识图谱中查找到与 security 实体相连的所有安全相关单词和短语,以及它们之间的规则关系。可以发现与安全实体相关的实体有权限、问题、异常、密钥密码、失败、中断、安全向导等。结合安全漏洞报告特性,我们仅提取与 security 连接实体类型为 SRW 或 VT,且关系为 LT、CT、SP 之一的实体,并进行余弦值计算。结果显示该报告未达到我们设定的阈值,所以不是安全缺陷报告,判断结果与实际一致。如果使用 Peters 的 FARSEC 方法,该缺陷报告中存在表 5-15 中列出的多个安全关键字(Chrome、password 等),通过计算该报告将被认定为 SBR,导致预测错误。

表 5-16　Security 连接的实体和关系

"n"	"m"	类型	关系
{"name":"security"}	{"name":"permission"}	SRW	LT
{"name":"security"}	{"name":"problem"}	SRW	CT
{"name":"security"}	{"name":"exception"}	SRW	LT
{"name":"security"}	{"name":"key password"}	SRW	LT
{"name":"security"}	{"name":"fail"}	SRW	PGS
{"name":"security"}	{"name":"break"}	SRW	PGS
{"name":"security"}	{"name":"security wizard"}	SRW	OR

④在检测的过程中,本研究还增添了短语验证。因为有一些重要关键词是以短语结合进行出现的。例如在短语验证错误中,单词 validation 与安全性无关,但 validation error 就被视为漏洞类型需要标记。还有 Command 和 Injection 分开来看毫无关系,Command 意为命令控制等,Injection 意为注射注入等,但在安全漏洞领域内合在一起 Command-Injection 就是一种

极为关键的漏洞类型,是 CWE Top 25 之一。这里在手工标记安全缺陷报告过程中,根据其特征,总结了数据集中的关键短句写入 JSON 文件中。例如 Chrome 数据集中编号为 1 的安全缺陷报告描述"Init Wizard:Advanced Config validation errors can be bypassed",使用基线 FARSEC 方法进行检测,该句中不存在任何表 5-15 中的 100 个关键字,所以会被错误地预测为 NSBR。使用基线 Keyword matrix 方法检测时,该句中也不存在 CWE 和 CVE 的词汇,所以也会被错误地认定为 NSBR。但使用 KG-SBRP 方法,validation error 短语通过手工标记的时候已经加入 JSON 检测文件并汇入到图谱中,所以该报告会被预测为安全缺陷报告。

研究问题 2(RQ2):安全领域知识能在多大程度上提高 SBR 预测的有效性?

为了回答 RQ2,相比普通的方法,本研究添加了知识图谱,以提高 SBR 预测的准确性并获得更好的结果。为了确保实验结果的准确性,本研究结合了 CWE Top 25 最危险类别来扩展语料库。从知识图谱中,我们可以直接获得与安全相关的词汇。分析知识图谱,在某处汇聚的实体越多,连接的边越多,说明在该处的某一方面安全漏洞信息越充足。如果测试集抽取的实体中的单词出现在知识图谱中多数实体汇聚的地方,则该缺陷报告很大概率是 SBR。然后再根据实体之间的关系(即上下文词之间的关系),可以推断它是否是 SBR。

为了验证安全域知识可以提高 SBR 预测的有效性,我们将结果与基线方法 FARSEC 和 Keywords Matric 进行比较。表 5-16 显示了比较结果,可以看到添加知识图后,大多数数据上的各种指标的运行结果。

研究问题 3(RQ3):KG-SBRP 方法相比传统方法的优势?

相比传统数据存储和计算方式,知识图谱的优势体现在以下几个方面。

①知识图谱能将互联网上海量的信息转化为机器可以理解和计算的知识形式。它将数据通过图论模型表示出来,可以处理复杂多样的数据关联分析。关系的层级及表达方式多种多样,传统数据通常只是通过表格、字段等方式进行展示,难免造成部分数据或关系的遗漏。在本研究所建知识图谱中,不同实体显示不同颜色,实体关系也各不相同,我们可以更好地理解安全实体之间的关系和特征,降低了理解难度,带来了更好的视觉体验。同时能满足各种实体关系的分析和管理需要。

②知识图谱自带语义、实体类型区别、实体间的规则。图谱中的每一个结点对应我们现实世界中的一个实体或者概念,实体间相连的边代表着实体之间的关系。在此之上,我们还可以根据自己定义的规则和实体间的关系,推导出知识图谱中没有明确表达出的知识。比如,知识图谱中有一对实体:security 同 permission,它们之间的关系为 LT(起因,造成),可以推测在权限申请上可能会造成安全问题,同 permission 相连的实体还有 password fail ,这样还能推断出在密码失败申请上会出现安全问题;然而 fail 又相连了实体 ssl,这样又能推断出一些重要信息。当这条线越来越长的时候,我们就可以更加深入地挖掘出这个错误造成的原因和错误出现的源头等重要信息,帮助我们更好地理解安全报告。线越来越多,汇聚成图的时候,通过中间过程的转换和处理就能表达安全缺陷报告各个实体的各种关系,并且直观、自然、高效。

③深度学习模型大多数都是端对端的模型,它接受大样本作为训练输入,然后根据训练出

的模型得到输出；但模型中参数的具体含义，模型究竟学到了什么有效特征，使得它做出对应的判断，这个过程缺乏可解释性，所以我们无法解释整个模型的运作机制。而构建知识图谱这个过程的本质，就是让机器形成认知能力，去理解这个世界。我们将散乱的知识结合起来，就能形成知识。人类认识世界理解事物的过程，其实就是将信息加工成知识的过程。关系、属性、概念是信息理解和认知的基石。用关系、属性和概念去认知信息，可以帮助我们更好地认识世界。例如：对于问题，"为什么刘强东和奶茶妹妹刷屏了"，因为"奶茶妹妹是刘强东的女朋友"，大家都知道是因为他们公开了恋爱关系。这里的解释实质上是用关系在解释，而"鸟儿为什么会飞翔?"人类的解释则可能是"鸟儿有翅膀"，这实质上使用属性在解释。还有，例如问电脑是什么? 给出的解释可能是"电脑是一种根据一系列指令来对数据进行处理的机器"，这实质是用概念在解释。

5.7　本章小结

本章基于实际开源项目验证了本研究所提出方法 KG-SBRP 的有效性，实证研究共分析了来自 Ambari、Camel、Derby、Wicket、Chromium、Chromium_Large 和 Mozilla_Largez 这 7 个项目累积 234 601 个缺陷报告，并深入分析了 KG-SBRP 方法是如何影响 SBR 预测的有效性、本研究方法相对比传统方法的优势，以及对 SBR 有效性影响因素分析。实验结果表明本研究提出的 KG-SBRP 方法对 SBR 的预测能力，要显著优于 FARSEC 方法，在项目内预测上 $F1$ 值与 Peters 和 Wu 等人给出的方法相比平均提高 30%，跨项目上 $F1$ 值平均提高 11%。

第 6 章

总结与展望

6.1　总结

在自然语言处理领域中,命名实体识别任务一直是最重要的研究方向之一。随着命名实体识别技术的快速发展,命名实体识别应用到各个领域。在软件缺陷领域,每天都有成千上万的缺陷产生、被记录和被修复等。在工程应用中,想要提高处理缺陷的效率,途径之一是对缺陷的载体——缺陷报告进行探索。因此,本书通过对大量缺陷报告的分析发现,缺陷报告中存在着大量非结构化文本,非常适合采用命名实体识别的方法加强对其信息的提取。我们对软件缺陷领域命名实体识别存在的挑战进行了分析,并对在缺陷报告领域,如检测重复性缺陷报告,识别安全缺陷报告等领域进行了应用研究,总结如下。

(1)针对软件缺陷领域命名实体识别的特点,本书对软件缺陷领域命名实体识别方法的构建进行了探索。基于随机森林上下文命名实体识别方法 RNER 是我们探索的初步成果。我们通过对 RNER 方法进行总结,提出了基于多级别特征融合的命名实体识别方法 MNER,该方法利用大量无标记的语料库进行词向量训练,通过多级别特征融合从缺陷报告复杂多样的文本内容中提取更有效的特征,同时加入注意力机制,对多级别的特征进行全局的关注和捕捉。实验表明,相较于 BiLSTM-CRF 方法,MNER 方法的 $F1$ 值提升了 4.9%。

(2)基于卷积神经网络使用缺陷报告的文本信息进行重复软件缺陷报告检测,与 CNN 加入缺陷报告元数据信息检测进行对比,阐明元数据信息对于重复软件缺陷报告检测结果的影响及其有效性。在对 Eclipse 数据集重复软件缺陷报告间的元数据重复度进行分析之后,发现其元数据重复度并非 100%,为挖掘更有效的结构化信息作为元数据信息进行实验,本书提出了融合 CNN 和 BBC-NER 的 DB-CNN-NER 方法,用来检测重复软件缺陷报告。本方法先识别出缺陷报告中的软件缺陷命名实体,再将其实体类别作为元数据信息的一部分加入 CNN 模型中进行检测。并在 Spark、Eclipse 数据集上验证各个模型的效果,最终实验结果表明融合命名实体的检测方法优于先前的方法。

(3)提出了一种安全缺陷报告识别方法 SBRKG。针对缺陷报告中存在关键词提取不准确,缺乏关键词上下文结构信息等问题,本书提出了一种基于知识图谱的安全缺陷报告识别方法。通过知识谱图识别出缺陷报告中的关键词以及关键词组,并通过关键词之间的上下文关系,从知识图谱中搜索相连接的实体,根据节点之间的关系,通过计算缺陷报告子图与语义知识图谱的相似度来识别安全缺陷报告。

(4)根据缺陷报告中对安全缺陷的文本描述的特征和手工标记的规则,本书提出了一种融合知识图谱的跨项目安全缺陷报告预测方法 KG-SBRP,使用了实体+边的关系+短语词组相结合的跨项目安全缺陷报告预测模型。基于实际开源项目验证了本书所提出方法 KG-SBRP 的有效性,实证研究共分析了来自 Ambari、Camel、Derby、Wicket、Chromium、Chromium_Large 和 Mozilla_Largez 这 7 个项目累积 234 601 个缺陷报告,并深入分析了 KG-SBRP 方法如何影响 SBR 预测的有效性,本方法相比传统方法的优势,以及对安全缺陷报告有效性影响因素分析。

6.2　未来工作与展望

本书对软件缺陷领域命名实体识别方法进行研究,提出了软件缺陷领域命名实体识别的研究过程,定义了软件缺陷领域命名实体分类标准,提出了软件缺陷领域命名实体识别方法、重复性缺陷报告检测方法,以及安全缺陷报告识别方法,取得了一定成果,但仍然存在一些不足之处,后续工作可以从以下几点对现有工作进行改进。

(1)在基于多级别特征融合的命名实体识别方法中,没有考虑外部资源的一些特征,外部资源可能会提高命名实体识别系统的性能,但也会损害系统的通用性。在未来的工作中可以进一步探究。

(2)从方法上考虑,对于基于多级别特征融合的命名实体识别方法,在数据稀缺的软件缺陷领域,可以考虑使用软件缺陷领域的数据微调通用上下文语言模型,避免了语言模型需要大量语料进行训练的缺点,又能获取更有效的特征表示。其次,在方法的标签解码阶段,可以探索其他方法替代CRF。

(3)本书在第3章验证了部分元数据特征对于检测结果的影响,然而并未验证软件缺陷报告中所有的元数据字段对于重复软件缺陷报告检测的影响,只是选取了重复软件缺陷报告间重复度较高的元数据进行验证,是否所有的元数据对重复检测工作都是有效的,也需要进一步验证。

本书提出的融合命名实体的重复软件缺陷报告检测方法从本质上看也是将命名实体类别作为一类元数据特征进行检测。此外,本书已经验证了组合元数据特征比单一的元数据特征对检测结果的提升更大,那么将缺陷报告元数据与命名实体类别元数据作为组合元数据特征是否能够进一步提升重复软件缺陷报告检测的有效性,也是本文下一步工作的重点。

(4)缺陷报告中文本句子结构复杂,手工定制规则的工作量很大,并且在不同语言和不同领域之间存在差异,很难迁移手动自定义的规则。实体识别的效果往往取决于规则的正确性和完善性,规则越完善,识别出的效果就越好。但是无论是人工提取规则还是从语料库中提取规则,都需要专家对该领域知识具有较深入的理解,如果没有丰富的语言知识来保证规则的正确性,最终效果可能并不是很好,这就导致如果想要得到较好的识别效果,需要耗费大量的人力物力。并且命名实体的类型是多样的,新的命名实体不断出现,如新的软件名和缺陷类型,需要不断地对语料库进行更新维护。

(5)领域知识的质量问题。通过从权威来源提取领域知识和使用关键词根,提高了领域知识的质量,但是还有一些单词似乎与安全性无关(例如,read,write,file等)。但是,当这些单词与其他单词结合使用时,它们可能与安全相关(例如,out-of-bounds read)。这种关系可以用知识图谱等技术来更好地描述。

参考文献

［1］徐秋荣,朱鹏,罗轶凤,等.金融领域中文命名实体识别研究进展［J］.华东师范大学学报(自然科学版),2021(05):1-13.

［2］QU Y, YIN H. Evaluating network embedding techniques' performances in software bug prediction［J］. Empirical Software Engineering, 2021, 26(4):1-44.

［3］UMER Q, LIU H, SULTAN Y. Emotion based automated priority prediction for bug reports［J］. IEEE Access, 2018, 6:35743-35752.

［4］CHAPARRO O. Improving bug reporting, duplicate detection, and localization［C］. 2017 IEEE/ACM 39th International Conference on Software Engineering Companion (ICSE-C), 2017:421-424.

［5］TANTITHAMTHAVORN C, TEEKAVANICH R, IHARA A, et al. Mining A change history to quickly identify bug locations:A case study of the Eclipse project［C］. 2013 IEEE International Symposium on Software Reliability Engineering Workshops (ISS-REW), 2013:108-113.

［6］WONG W E, DEBROY V, GAO R, et al. The DStar method for effective software fault localization［J］. IEEE Transactions on Reliability, 2013, 63(1):290-308.

［7］蔡蕊,张仕,余晓菲,等.基于程序频谱的缺陷定位方法［J］.计算机系统应用,2018,28(1):188-193.

［8］李政亮,陈翔,蒋智威,顾庆.基于信息检索的软件缺陷定位方法综述［J］.软件学报,2021,32(02):247-276. DOI:10.13328/j. cnki. jos. 006130.

［9］GRISHMAN R, SUNDHEIM B M. Message understanding conference-6:A brief history［C］. COLING 1996 Volume 1:The 16th International Conference on Computational Linguistics, 1996:466-471.

［10］PALMER D D, DAY D. A statistical profile of the named entity task［C］. Fifth Conference on Applied Natural Language Processing, 1997:190-193.

［11］LI J, SUN A, HAN J, et al. A survey on deep learning for named entity recognition［J］. IEEE Transactions on Knowledge and Data Engineering, 2020:50-70.

［12］SHAH M, PUJARA N. A Review On Software Defects Prediction Methods［J］. arXiv preprint arXiv:2011.00998, 2020.

［13］YE D, XING Z, FOO C Y, et al. Software-specific named entity recognition in software engineering social content[C]. 2016 IEEE 23rd International Conference on Software Analysis, Evolution, and Reengineering (SANER). IEEE, 2016, 1: 90 – 101.

[14]TAN L, LIU C, LI Z, et al. Bug characteristics in open source software[J]. Empirical software engineering, 2014, 19(6): 1665 – 1705.

[15]ZUBROW D. Ieee standard classification for software anomalies[J]. IEEE Computer Society, 2009.

[16]XIE Q, WEN Z, ZHU J, et al. Detecting duplicate bug reports with convolutional neural networks[C] 2018 25th Asia-Pacific Software Engineering Conference (APSEC). IEEE, 2018: 416 – 425.

[17]郑炜,王晓龙,陈翔,等.重复软件缺陷报告检测方法综述[J].软件学报:0 – 0.

[18]KIM J-H, WOODLAND P C. A rule-based named entity recognition system for speech input[C]. Sixth International Conference on Spoken Language Processing, 2000: 528 – 531.

[19]HANISCH D, FUNDEL K, MEVISSEN H T, et al. ProMiner: rule-based protein and gene entity recognition[J]. BMC bioinformatics, 2005, 6(1): 1 – 9.

[20]QUIMBAYA A P, MUNERA A S, Rivera R A G, et al. Named entity recognition over electronic health records through a combined dictionary-based approach[J]. Procedia Computer Science, 2016, 100: 55 – 61.

[21]NADEAU D, SEKINE S. A survey of named entity recognition and classification[J]. Lingvisticae Investigationes, 2007, 30(1): 3 – 26.

[22]COLLINS M, SINGER Y. Unsupervised models for named entity classification[C]. 1999 Joint SIGDAT Conference on Empirical Methods in Natural Language Processing and Very Large Corpora, 1999: 100 – 110.

[23]YAROWSKY D. Unsupervised word sense disambiguation rivaling supervised methods [C]. 33rd annual meeting of the association for computational linguistics, 1995: 189 – 196.

[24]BLUM A, MITCHELL T. Combining labeled and unlabeled data with co-training[C]. Proceedings of the eleventh annual conference on Computational learning theory, 1998: 92 – 100.

[25]ETZIONI O, CAFARELLA M, DOWNEY D, et al. Unsupervised named-entity extraction from the web: An experimental study[J]. Artificial intelligence, 2005, 165(1): 91 – 134.

[26]NADEAU D, TURNEY P D, MATWIN S. Unsupervised named-entity recognition: Generating gazetteers and resolving ambiguity[C]. Conference of the Canadian society for computational studies of intelligence, 2006: 266 – 277.

[27]ZHANG S, ELHADAD N. Unsupervised biomedical named entity recognition: Experiments with clinical and biological texts[J]. Journal of biomedical informatics, 2013, 46 (6): 1088 – 1098.

[28]SEKINE S, RANCHHOD E. Named entities: recognition, classification and use[M]. 19. John Benjamins Publishing, 2009.

[29]ZHOU G, SU J. Named entity recognition using an HMM-based chunk tagger[C]. Proceedings of the 40th Annual Meeting of the Association for Computational Linguistics, 2002: 473 – 480.

[30]SETTLES B. Biomedical named entity recognition using conditional random fields and rich feature sets[C]. Proceedings of the international joint workshop on natural language processing in biomedicine and its applications (NLPBA/BioNLP), 2004: 107 – 110.

[31]TORISAWA K. Exploiting Wikipedia as external knowledge for named entity recognition[C]. Proceedings of the 2007 joint conference on empirical methods in natural language processing and computational natural language learning (EMNLP-CoNLL), 2007: 698 – 707.

[32]TORAL A, MUNOZ R. A proposal to automatically build and maintain gazetteers for Named Entity Recognition by using Wikipedia[C]. Proceedings of the Workshop on NEW TEXT Wikis and blogs and other dynamic text sources, 2006:56 – 61.

[33]HOFFART J, YOSEF M A, BORDINO I, et al. Robust disambiguation of named entities in text[C]. Proceedings of the 2011 Conference on Empirical Methods in Natural Language Processing, 2011: 782 – 792.

[34]RAVIN Y, WACHOLDER N. Extracting names from natural-language text[M]. IBM Thomas J. Watson Research Division, 1997.

[35]ZHU J, UREN V, MOTTA E. ESpotter: Adaptive named entity recognition for web browsing[C]. Biennial Conference on Professional Knowledge Management/Wissensmanagement, 2005: 518 – 529.

[36]JI Z, SUN A, CONG G, et al. Joint recognition and linking of fine-grained locations from tweets[C]. Proceedings of the 25th international conference on world wide web, 2016: 1271 – 1281.

[37]EDDY S R. Hidden markov models[J]. Current opinion in structural biology, 1996, 6 (3): 361 – 365.

[38]QUINLAN J R. Induction of decision trees[J]. Machine learning, 1986, 1(1): 81 – 106.

[39]Kapur J N. Maximum-entropy models in science and engineering[M]. John Wiley &

Sons, 1989.

[40]HEARST M A, DUMAIS S T, OSUNA E, et al. Support vector machines[J]. IEEE Intelligent Systems and their applications, 1998, 13(4): 18 – 28.

[41]LAFFERTY J, MCCALLUM A, PEREIRA F C. Conditional Random Fields: Probabilistic Models for Segmenting and Labeling Sequence Data[C]. Proceedings of the Eighteenth International Conference on Machine Learning. 2001: 282 – 289.

[42]BIKEL D M, MILLER S, SCHWARTZ R, et al. Nymble: a high-performance learning name-finder[C]. Proceedings of the fifth conference on Applied natural language processing. 1997: 194 – 201.

[43]BIKEL D M, SCHWARTZ R, WEISCHEDEL R M. An algorithm that learns what's in a name[J]. Machine learning, 1999, 34(1): 211 – 231.

[44]SZARVAS G, FARKAS R, KOCSOR A. A multilingual named entity recognition system using boosting and c4. 5 decision tree learning algorithms[C]. International Conference on Discovery Science, 2006: 267 – 278.

[45]BORTHWICK A, STERLING J, AGICHTEIN E, et al. NYU: Description of the MENE named entity system as used in MUC – 7[C]. Seventh Message Understanding Conference (MUC – 7): Proceedings of a Conference Held in Fairfax, Virginia, April 29 – May 1, 1998, 1998.

[46]CHIEU H L, NG H T. Named entity recognition: a maximum entropy approach using global information[C]. COLING 2002: The 19th International Conference on Computational Linguistics, 2002: 1 – 7.

[47]MCNAMEE P, MAYFIELD J. Entity extraction without language-specific resources [C]. COLING – 02: The 6th Conference on Natural Language Learning 2002 (CoNLL – 2002), 2002.

[48]MCCALLUM A, LI W. Early results for named entity recognition with conditional random fields, feature induction and web-enhanced lexicons[C]. Proceedings of the Seventh Conference on Natural Language Learning at HLT-NAACL 2003. 2003: 188 – 191.

[49]KRISHNAN V, MANNING C D. An effective two-stage model for exploiting non-local dependencies in named entity recognition[C]. Proceedings of the 21st International Conference on Computational Linguistics and 44th Annual Meeting of the Association for Computational Linguistics, 2006: 1121 – 1128.

[50]LIU S, SUN Y, LI B, et al. Hamner: Headword amplified multi-span distantly supervised method for domain specific named entity recognition[C]. Proceedings of the AAAI Conference on Artificial Intelligence, 2020: 8401 – 8408.

[51]ROCKTASCHEL T, WEIDLICH M, LESER U J B. ChemSpot: a hybrid system for

chemical named entity recognition[J]. Bioinformatics, 2012, 28(12): 1633 – 1640.

[52]PETERS M , NEUMANN M , IYYER M , et al. Deep Contextualized Word Representations[C]. Proceedings of the 2018 Conference of the North American Chapter of the Association for Computational Linguistics: Human Language Technologies, Volume 1 (Long Papers). 2018: 2227 – 2237.

[53]AKBIK A, BLYTHE D, VOLLGRAF R. Contextual string embeddings for sequence labeling[C]. Proceedings of the 27th international conference on computational linguistics, 2018: 1638 – 1649.

[54]LIU T, YAO J-G, LIN C-Y. Towards improving neural named entity recognition with gazetteers[C]. Proceedings of the 57th Annual Meeting of the Association for Computational Linguistics, 2019: 5301 – 5307.

[55]JIE Z, LU W. Dependency-Guided LSTM-CRF for Named Entity Recognition[C]. Proceedings of the 2019 Conference on Empirical Methods in Natural Language Processing and the 9th International Joint Conference on Natural Language Processing (EMNLP-IJCNLP). 2019: 3862 – 3872.

[56]XIA C, ZHANG C, YANG T, et al. Multi-grained named entity recognition[C]. 57th Annual Meeting of the Association for Computational Linguistics, ACL 2019. Association for Computational Linguistics (ACL), 2020: 1430 – 1440.

[57]BAEVSKI A, EDUNOV S, LIU Y, et al. Cloze-driven pretraining of self-attention networks[C]. Proceedings of the 2019 Conference on Empirical Methods in Natural Language Processing and the 9th International Joint Conference on Natural Language Processing (EMNLP-IJCNLP). 2019: 5360 – 5369.

[58]NGUYEN T H, SIL A, DINU G, et al. Toward mention detection robustness with recurrent neural networks[J], CoRR abs/1602.07749, 2016.

[59]SHEN Y, YUN H, LIPTON Z C, et al. Deep active learning for named entity recognition[C]. Proceedings of the 2nd Workshop on Representation Learning for NLP. 2017: 252 – 256.

[60]ZHENG S, WANG F, BAO H, et al. Joint Extraction of Entities and Relations Based on a Novel Tagging Scheme[C]. Proceedings of the 55th Annual Meeting of the Association for Computational Linguistics (Volume 1: Long Papers). 2017: 1227 – 1236.

[61]MIWA M, BANSAL M. End-to-End Relation Extraction using LSTMs on Sequences and Tree Structures[C]. Proceedings of the 54th Annual Meeting of the Association for Computational Linguistics (Volume 1: Long Papers). 2016: 1105 – 1116.

[62]WU Y, JIANG M, LEI J, et al. Named entity recognition in Chinese clinical text using deep neural network[J], Studies in health technology and informatics, 2015, 216: 624.

[63]WANG Q, ZHOU Y, RUAN T, et al. Incorporating dictionaries into deep neural networks for the Chinese clinical named entity recognition[J], Journal of biomedical informatics, 2019, 92: 103133.

[64]ZHANG Y, YANG J JA P A. Chinese NER using lattice LSTM[C]. Proceedings of the 56th Annual Meeting of the Association for Computational Linguistics (ACL). 2018: 1554 - 1564.

[65]KONG J, ZHANG L, JIANG M, et al. Incorporating multi-level CNN and attention mechanism for Chinese clinical named entity recognition[J]. Journal of Biomedical Informatics, 2021, 116: 103737.

[66]ZHOU C, LI B, SUN X, et al. Recognizing software bug-specific named entity in software bug repository[C]. 2018 IEEE/ACM 26th International Conference on Program Comprehension (ICPC), 2018: 108 - 10811.

[67]ZHOU C, LI B, SUN X. Improving software bug-specific named entity recognition with deep neural network[J]. Journal of Systems and Software, 2020, 165: 110572.

[68]PUJARA J, MIAO H, GETOOR L, et al. Ontology-aware partitioning for knowledge graph identification[C]//Proceedings of the 2013 workshop on Automated knowledge base construction. 2013: 19 - 24.

[69]徐增林,盛泳潘,贺丽荣,等. 知识图谱技术综述[J]. 电子科技大学学报,2016,45(04): 589 - 606.

[70]BORDES A, USUNIER N, GARCIA-DURAN A, et al. Translating embeddings for modeling multi-relational data[J]. Advances in neural information processing systems, 2013, 26.

[71]ZENG D, LIU K, LAI S, et al. Relation classification via convolutional deep neural network[C]//Proceedings of COLING 2014, the 25th International Conference on Computational Linguistics: Technical Papers. 2014: 2335 - 2344.

[72]DIEFENBACH D, SINGH K, MARET P. Wdaqua-core1: a question answering service for rdf knowledge bases[C]//Companion Proceedings of the The Web Conference 2018. 2018: 1087 - 1091.

[73]FUDANDNN-NLP4. 2[EB/OL]. http://homepage. fudan. edu. cn/zhengxq/deeplearning/

[74]HAN X, CAO S, LV X, et al. Openke: An open toolkit for knowledge embedding [C]//Proceedings of the 2018 conference on empirical methods in natural language

[75]Liu W, Zhou P, Zhao Z, et al. K-bert: Enabling language representation with knowledge graph[C]//Proceedings of the AAAI Conference on Artificial Intelligence. 2020, 34(03): 2901 - 2908.

［76］LIN J，ZHAO Y，HUANG W，et al. Domain knowledge graph-based research progress of knowledge representation［J］. Neural Computing and Applications，2021，33（2）：681－690.

［77］YU H，LI H，MAO D，et al. A domain knowledge graph construction method based on Wikipedia［J］. Journal of Information Science，2021，47（6）：783－793.

［78］QIN S，CHOW K. Automatic Analysis and Reasoning Based on Vulnerability Knowledge Graph，Cyberspace Data and Intelligence，and Cyber-Living，Syndrome，and Health：Springer，2019：3－19.

［79］DU D，REN X，WU Y，et al. Refining traceability links between vulnerability and software component in a vulnerability knowledge graph［C］. Intermational Conference on Web Engineering. 201 8：33－49.

［80］XIAO H，XING Z，LI X，et al. Embedding and Predicting Software Security Entity Relationships：A Knowledge Graph Based Approach［C］//International Conference on Neural Information Processing. Springer，Cham，2019：50－63.

［81］谢敏容. 网络安全知识图谱构建技术研究与实现［D］. 电子科技大学,2020.

［82］BUDHIRAJA A，REDDY R，SHRIVASTAVA M. Lwe：Lda refined word embeddings for duplicate bug report detection［C］. Proceedings of the 40th International Conference on Software Engineering：Companion Proceeedings. 2018：165－166.

［83］ALIPOUR A，HINDLE A，STROULIA E. A contextual approach towards more accurate duplicate bug report detection［C］. 2013 10th Working Conference on Mining Software Repositories（MSR）. IEEE，2013：183－192.

［84］NGUYEN A T，NGUYEN T T，NGUYEN T N，et al. Duplicate bug report detection with a combination of information retrieval and topic modeling［C］. 2012 Proceedings of the 27th IEEE/ACM International Conference on Automated Software Engineering. IEEE，2012：70－79.

［85］YANG X，LO D，XIA X，et al. Combining word embedding with information retrieval to recommend similar bug reports［C］. 2016 IEEE 27th international symposium on software reliability engineering（ISSRE）. IEEE，2016：127－137.

［86］MIKOLOV T，CHEN K，CORRADO G，et al. Efficient estimation of word representations in vector space［J］. arXiv preprint arXiv：1301. 3781，2013.

［87］BUDHIRAJA A，DUTTA K，REDDY R，et al. DWEN：deep word embedding network for duplicate bug report detection in software repositories［C］. Proceedings of the 40th International Conference on software engineering：companion proceeedings. 2018：193－194.

［88］HU D，CHEN M，WANG T，et al. Recommending similar bug reports：a novel approach using document embedding model[C]. 2018 25th Asia-Pacific Software Engineering Conference (APSEC). IEEE, 2018: 725 - 726.

[89]WANG J, LI M, WANG S, et al. Images don't lie: Duplicate crowdtesting reports detection with screenshot information[J]. Information and Software Technology, 2019, 110: 139 - 155.

[90]SABOR K K, HAMOU-LHADJ A, LARSSON A. Durfex: a feature extraction technique for efficient detection of duplicate bug reports[C]. 2017 IEEE international conference on software quality, reliability and security (QRS). IEEE, 2017: 240 - 250.

[91]BANERJEE S, SYED Z, HELMICK J, et al. Automated triaging of very large bug repositories[J]. Information and software technology, 2017, 89: 1 - 13.

[92]BANERJEE S, SYED Z, HELMICK J, et al. A fusion approach for classifying duplicate problem reports[C]. 2013 IEEE 24th International Symposium on Software Reliability Engineering (ISSRE). IEEE, 2013: 208 - 217.

[93]GOPALAN R P, KRISHNA A. Duplicate bug report detection using clustering[C]. 2014 23rd Australian Software Engineering Conference. IEEE, 2014: 104 - 109.

[94]LI Y, GOPALAN R P. Clustering high dimensional sparse transactional data with constraints[C]. 2006 IEEE International Conference on Granular Computing. IEEE, 2006: 692 - 695.

[95]CHAPARRO O, FLOREZ J M, SINGH U, et al. Reformulating queries for duplicate bug report detection[C]. 2019 IEEE 26th International Conference on Software Analysis, Evolution and Reengineering (SANER). IEEE, 2019: 218 - 229.

[96]LERCH J, MEZINI M. Finding duplicates of your yet unwritten bug report[C]. 2013 17th European conference on software maintenance and reengineering. IEEE, 2013: 69 - 78.

[97]RUNESON P, ALEXANDERSSON M, NYHOLM O. Detection of duplicate defect reports using natural language processing[C]. 29th International Conference on Software Engineering (ICSE07). IEEE, 2007: 499 - 510.

[98]HUANG S, CHEN L, HUI Z, et al. A Method of Bug Report Quality Detection Based on Vector Space Model[C]. 2019 IEEE 19th International Conference on Software Quality, Reliability and Security Companion (QRS-C). IEEE, 2019: 510 - 511.

[99]WANG X, ZHANG L, XIE T, et al. An approach to detecting duplicate bug reports using natural language and execution information[C]. Proceedings of the 30th international conference on Software engineering. 2008: 461 - 470.

[100]SONG Y, WANG X, XIE T, et al. JDF: detecting duplicate bug reports in Jazz[C]. 2010 ACM/IEEE 32nd International Conference on Software Engineering. IEEE,

2010, 2: 315 - 316.

[101]THUNG F, KOCHHAR P S, LO D. DupFinder: integrated tool support for duplicate bug report detection[C]. Proceedings of the 29th ACM/IEEE international conference on Automated software engineering. 2014: 871 - 874.

[102]EBRAHIMI N, TRABELSI A, ISLAM M S, et al. An HMM-based approach for automatic detection and classification of duplicate bug reports[J]. Information and Software Technology, 2019, 113: 98 - 109.

[103]SUREKA A, JALOTE P. Detecting duplicate bug report using character n-gram-based features[C]. 2010 Asia Pacific Software Engineering Conference. IEEE, 2010: 366 - 374.

[104]DANG Y, WU R, ZHANG H, et al. Rebucket: A method for clustering duplicate crash reports based on call stack similarity[C]. 2012 34th International Conference on Software Engineering (ICSE). IEEE, 2012: 1084 - 1093.

[105]KLEIN N, CORLEY C S, KRAFT N A. New features for duplicate bug detection [C]. Proceedings of the 11th Working Conference on Mining Software Repositories. 2014: 324 - 327.

[106]SU E, JOSHI S. Poster: Leveraging Product Relationships to Generate Candidate Bugs for Duplicate Bug Prediction[C]. 2018 IEEE/ACM 40th International Conference on Software Engineering: Companion (ICSE-Companion). IEEE, 2018: 210 - 211.

[107]LIN M J, YANG C Z, LEE C Y, et al. Enhancements for duplication detection in bug reports with manifold correlation features[J]. Journal of Systems and Software, 2016, 121: 223 - 233.

[108]SUN C, LO D, WANG X, et al. A discriminative model approach for accurate duplicate bug report retrieval[C]. Proceedings of the 32nd ACM/IEEE International Conference on Software Engineering-Volume 1. 2010: 45 - 54.

[109]LAZAR A, RITCHEY S, SHARIF B. Improving the accuracy of duplicate bug report detection using textual similarity measures[C]. Proceedings of the 11th Working Conference on Mining Software Repositories. 2014: 308 - 311.

[110]HE J, XU L, YAN M, et al. Duplicate bug report detection using dual-channel convolutional neural networks[C]. Proceedings of the 28th International Conference on Program Comprehension. 2020: 117 - 127.

[111]XIE Q, WEN Z, ZHU J, et al. Detecting duplicate bug reports with convolutional neural networks [C] 2018 25th Asia-Pacific Software Engineering Conference (APSEC). IEEE, 2018: 416 - 425.

[112]DESHMUKH J, ANNERVAZ K M, PODDER S, et al. Towards accurate duplicate

bug retrieval using deep learning techniques[C]. 2017 IEEE International conference on software maintenance and evolution (ICSME). IEEE，2017：115 - 124.

[113]XIAO G, DU X, SUI Y, et al. HINDBR：Heterogeneous information network based duplicate bug report prediction[C]. 2020 IEEE 31st International Symposium on Software Reliability Engineering (ISSRE). IEEE，2020：195 - 206.

[112]GEGICK M, ROTELLA P, XIE T. Identifying security bug reports via text mining：An industrial case study[C]//2010 7th IEEE Working Conference on Mining Software Repositories (MSR 2010). IEEE，2010：11 - 20.

[113]BEHL D, HANDA S, ArRORA A. A bug mining tool to identify and analyze security bugs using naive bayes and tf-idf[C]//2014 International Conference on Reliability Optimization and Information Technology (ICROIT). IEEE，2014：294 - 299.

[114]CHAWLA I, SINGH S K. Automatic bug labeling using semantic information from LSI[C]//2014 Seventh International Conference on Contemporary Computing (IC3). IEEE，2014：376 - 381.

[115]ZOU D, DENG Z, LI Z, et al. Automatically identifying security bug reports via multitype features analysis[C]//Australasian Conference on Information Security and Privacy. Springer, Cham, 2018：619 - 633.

[116]WIJAYASEKARA D, MANIC M, MCQUEEN M. Vulnerability identification and classification via text mining bug databases[C]//IECON 2014 - 40th Annual Conference of the IEEE Industrial Electronics Society. IEEE，2014：3612 - 3618.

[117]XIA X, LO D, QIU W, etal. 2014. Automated configuration bug report prediction using text mining, in：Computer Software & Applications Conference.

[118]PETERS F, TUN T, YU Y, Nuseibeh, B. , 2017. Text filtering and ranking for security bug report prediction. IEEE Transactions on Software Engineering PP, 1 - 1.

[119]JIANG YUAN, WANG T. Ltrwes：A new framework for security bug report detection. Information and Software Technology 124.

[120]SHU R, XIA T, WILLIAMS L, et al. Better security bug report classification via hyperparameter optimization[J]. arXiv preprint arXiv：1905. 06872，2019.

[121]AGRAWAL A, MENZIES T. Is" Better Data" Better Than" Better Data Miners"? [C]//2018 IEEE/ACM 40th International Conference on Software Engineering (ICSE). IEEE，2018：1050 - 1061.

[122]YANG ,XIA X, HUANG Q, et al. High-impact bug report identification with imbalanced learning strategies. Journal of Computer Science and Technology 32，181 - 198.

[123]GOSEVA-POPSTOJANOVA K, TYO J. Identification of security related bug reports via text mining using supervised and unsupervised classification[C]//2018 IEEE Inter-

national conference on software quality, reliability and security (QRS). IEEE, 2018: 344 – 355.

[124]PLETEA D, VASILESCU B, SEREBRENIK A. Security and emotion: sentiment analysis of security discussions on github[C]//Proceedings of the 11th working conference on mining software repositories. 2014: 348 – 351.

[125]HINDLE A, ERNST N A, GODFREY M W, et al. Automated topic naming to support cross-project analysis of software maintenance activities[C]//Proceedings of the 8th Working Conference on Mining Software Repositories. 2011: 163 – 172.

[126]WU X, ZHENG W, XIA X, et al. Data Quality Matters: A Case Study on Data Label Correctness for Security Bug Report Prediction[J]. IEEE Transactions on Software Engineering, 2021.

[127]CWE, 2020. CWE. Https://cwe.mitre.org/.